国土空间规划与建筑管理研究

孟 凡 孔令利 吴艳丽 ◎著

吉林科学技术出版社

图书在版编目（CIP）数据

国土空间规划与建筑管理研究 / 孟凡，孔令利，吴
艳丽著. -- 长春：吉林科学技术出版社，2023.5
ISBN 978-7-5744-0445-8

Ⅰ．①国… Ⅱ．①孟… ②孔… ③吴… Ⅲ．①国土规
划－研究②建筑工程－工程管理－研究 Ⅳ．①TU98
②TU71

中国国家版本馆 CIP 数据核字 (2023) 第105711号

国土空间规划与建筑管理研究

作　　者　孟　凡　孔令利　吴艳丽
出 版 人　宛　霞
责任编辑　王丽新
幅面尺寸　185 mm×260mm
开　　本　16
字　　数　234 千字
印　　张　10.5
版　　次　2024 年 7 月第 1 版
印　　次　2024 年 7 月第 1 次印刷

出　　版　吉林科学技术出版社
发　　行　吉林科学技术出版社
地　　址　长春市净月区福祉大路 5788 号
邮　　编　130118
发行部电话/传真　0431-81629529　81629530　81629531
　　　　　　　　　　　　81629532　81629533　81629534

储运部电话　0431-86059116

编辑部电话　0431-81629518

印　　刷　北京四海锦诚印刷技术有限公司

书　　号　ISBN 978-7-5744-0445-8
定　　价　65.00 元

前　言

　　国土空间是对国家主权管理地域内一切自然资源、社会经济资源所组成的物质实体空间的总称，是一个国家及其居民赖以生存、生活、生产的物质环境基础。

　　国土空间规划编制，首先要保护生态。推进生态文明建设，必须坚持人与自然和谐共生，坚持节约优先、保护优先、自然恢复为主的方针，像保护眼睛一样保护生态环境，像对待生命一样对待生态环境。其次要坚持绿色发展。明确绿水青山就是金山银山的思想，贯彻创新、协调、绿色、开放、共享的发展理念，加快形成节约资源和保护环境的空间格局、产业结构、生产和生活方式，推动经济持续增长。最后要实现人地和谐、以人为本，全面摸清并分析国土空间本底条件，划定三类（城镇、农业、生态）空间和三条红线（生态保护红线、永久基本农田、城镇开发边界），聚焦空间开发强度管控和主要控制线落地，实现向重质量、重存量、重特色、重生态的国土空间规划理念转型。

　　国土空间规划实施，本质上是实现经济社会发展与资源环境承载能力相匹配，以国土空间为载体，合理利用和保护国土空间格局，严守生态保护红线，坚持山水林田湖草整体保护、系统修复、区域统筹、综合治理，完善自然保护地管理体制机制，协同推动经济高质量发展和生态环境高水平保护。

　　本书主要研究区域国土空间开发与城市建筑规划，本书从国土空间开发的基础介绍入手，针对国土空间区域规划、区域国土空间的开发适宜方向以及城市规划设计的基本理论进行了分析研究；另外，对城市居住用地规划、城市建筑与建筑规划设计及生态城市规划体系构建做了一定的介绍；本书适于作为城乡规划、土地规划与管理、资源环境、公共管理等学科的专业教材，也可供从事国土空间规划编制与管理实践的人员参考。

　　在本书撰写的过程中，参考了许多文献资料以及其他学者的相关研究成果，在此表示由衷的感谢！鉴于时间较为仓促，水平有限，书中难免出现一些谬误之处，因此恳请广大读者、专家学者能够予以谅解并及时进行指正，以便后续对本书做进一步的修改与完善。

作者

2023 年月

目　录

第一章　国土空间开发的基础

第一节　我国国土空间开发的支撑条件

一、自然地理条件

我国不同地区的自然基础存在着巨大的差异。最主要的特征是存在三大自然区，即东部季风气候区、西北干旱和半干旱区与青藏高寒区。在地势上，存在三大阶梯。其中，青藏高原是我国最高一级地形阶梯；大兴安岭、太行山和伏牛山以东是我国地势最低的一级阶梯，是我国的主要平原和低山丘陵分布地区；中间为第二级阶梯。三大自然区和地势的三大阶梯在相当程度上控制了我国国土空间开发的宏观框架，是影响我国国土开发目标的关键性因素。由于自然基础不同，各地区的水、土、热量等自然资源决定的社会经济基础差异很大。这种自然基础的巨大差异决定了各地区的自然系统对社会经济的承载能力不同，也从根本上决定了我国经济发展的巨大地域差异，在全国生态与环境安全中所具有的功能也不同。这种差异要求须从整体上考虑国土开发及其空间格局问题。适于发展的地区要进一步加快发展，努力成为在全球具有竞争力的区域；应该保护的地区要严格保护，为发展建立良好的生态基础和环境弹性。

根据地形地貌、气候、水资源、土地类型等自然地理条件，按照土地利用的适宜性分析（表1-1），可将我国国土空间由高到低划分为三类：适宜度Ⅰ类地区、适宜度Ⅱ类地区和适宜度Ⅲ类地区（表1-2）。适宜度Ⅰ类地区，气候、地形及水土资源条件比较适宜和优越，这些区域已经集聚了大规模的工业和城市人口。无论从国际发展经验、社会经济空间组织的程度以及国际化、信息化所带来的高度开放的发展系统的可能来看，这些区域在现代化支撑体系保障下，可以建成"高密度、高效率、节约型、现代化"的发展空间。适宜度Ⅱ类地区，由于自然环境条件所限，容纳人口能力有限，因此需要逐步引导产业结构调整，促进消费方式转变，减少对生态系统的破坏。适宜度Ⅲ类地区，大都是生态脆弱的区域，有些是水土资源严重缺乏的区域，不适宜实施大规模的工业化和城市化，需要采取限制性政策。

表 1-1 土地利用的适宜性评价指标

评价因子	适宜度Ⅰ类地区	适宜度Ⅱ类地区	适宜度Ⅲ类地区
高程	＜2000 米	2000～4000 米	＞4000 米
年平均降水量	＞200 毫米	＜200 毫米	＜50 毫米
≥10 摄氏度积温	＞1600 摄氏度	1300～1600 摄氏度	＜1300 摄氏度
土地利用类型	其他	有林地、高覆盖草地	沙地、戈壁、盐碱地、沼泽地、冰川和永久积雪、水体、滩涂
土壤侵蚀	其他	中度冻融侵蚀、强度风力侵蚀	极强度风力侵蚀、强度冻融侵蚀
地形（坡度）	＜15 度	15～25 度	＞25 度
地貌	低台地、起伏平原、倾斜平原、平坦平原、微洼地	中起伏山地、小起伏山地、喀斯特山地、梁峁丘陵、高丘陵、中丘陵、低丘陵、喀斯特丘陵、高台地、中台地、微高地、其他高原	极大起伏山地、大起伏山地、沙丘、雪域高原

表 1-2 基于自然地理因素的发展适宜性评价

类型	分布地区	面积比例（％）	其中耕地比例（％）
适宜度Ⅰ类区地	主要位于平原盆地地区，现以耕地覆盖为主，也是地势平坦、水资源较为丰富的地区。主要分布于东北平原、三江平原、华北平原、长江中下游平原、四川盆地、河西走廊、天山南北的河流冲积扇地区	19	55
适宜度Ⅱ类地区	主要分布于坡度较高的山地丘陵地区、降水较少的半干旱地区、积温较低不适宜农作物生长的地区，以及以林地和草地等覆盖为主的地区	29	20
适宜度Ⅲ类地区	主要分布于西部地区，包括塔克拉玛干沙漠、藏北高原、内蒙古中央戈壁等地区；也包括长江以南的丘陵地区。这些地区主要受高程、坡度、土壤侵蚀、降水等因素制约	52	5

二、耕地持续减少，后备土地资源明显不足

土地资源是人口、经济发展和生产力布局的重要载体。近年来工业化、城镇化的加速发展，导致土地利用结构发生了较大的变化，集中体现在以下四个方面。

①建设用地显著增加。②农业耕地持续减少。③未利用土地多为难利用土地。尽管我国未利用地面积大（27.57%），但约占 3/4 的未利用土地为难以开发利用的沙漠、荒漠、裸岩及石砾地、重盐碱地、重沼泽地等，主要分布在西北干旱区和青藏高原，自然条件恶

劣，开发利用难度大。④自然地理条件较好，适宜大规模工业化、城镇化的地区，耕地和未利用地大量减少，后备土地资源十分紧张。这些变化在珠江三角洲、长江三角洲最为显著。上述变化集中表明：支撑我国进一步推进工业化、城镇化的国土空间减少，我国经济发展与土地资源的矛盾将进一步加剧。这要求我国在今后国土空间开发中大幅提高土地利用的集约化水平。

三、大部分区域水资源短缺，水资源供需态势发生变化

水资源是国土空间开发格局形成的重要支撑要素。我国水资源非常紧缺，人均水资源量为2409立方米，仅为世界平均水平的25%。同时水资源的空间分布极不平衡，长江流域及以南地区的水资源量占全国的81%，人均水资源量和亩均水资源量均高于全国平均水平，而北方的黄淮海流域水资源量仅占全国的7.2%，人均水资源仅为全国平均水平的15%。值得注意的是，经历了长期的经济高速增长和大规模城市化，我国区域水资源供需态势进一步发生了明显变化：资源性缺水和水质性缺水问题更加普遍。如在我国北方地区资源性缺水愈加严重，海河和黄河流域的地表水已处于过度开发状态，西北的内流河区、淮河流域地表可用水资源利用也临近极限；海河流域、淮河流域和山东半岛地下水已经超载，以地下水为供水水源的城市也大多数处于局部超载状态，供需矛盾突出。即使调水工程实施后，供需矛盾得到一定程度的缓解，但资源性缺水将长期存在，长距离调水没能根本解决北方地区用水问题。而南方地区特别是长江三角洲、珠江三角洲都市经济区以及成渝都市经济区等地区河流，特别是流经城市的河段90%都已被污染，造成水质性缺水。

在进一步优化调整国土空间开发格局中，需要科学地分析各地区水资源开发潜力，充分考虑水资源的分布对人口与经济布局的影响。①从对城市发展的要求来看，西北地区生态脆弱，水资源严重缺乏，除黄河干流沿线外，应严格控制城市的规模；华北地区水资源匮乏，应避免调水多造成的"以供促需"的发展模式；东部地区发展快，用水量大，水质性缺水严重，应以水资源作为城市发展的重要前提条件，防止城市的无序扩张；西南地区供水的工程代价大、东北地区水资源分布不平衡，城市发展应结合本地区的水资源分布，合理确定城市布局和规模。②从产业布局的要求来看，针对我国北方地区水资源的供需矛盾越来越突出的情况，要加快调整布局，改变钢铁、煤炭、重化工、电力工业等大耗水工业大量分布在我国北方的现实，限制缺水地区、缺水城市大耗水工业的发展。国家工业化发展需要的大耗水工业应布置在水资源充沛的沿江地带或沿海地带。

四、关键矿种呈现结构短缺，能矿资源产区与加工消费区错位问题更加突出

能矿资源及其开发是影响国土空间开发的重要因素。改革开放以来，我国经济社会发展对能矿资源的需求保持强劲增长的势头，目前关键矿种已呈现较为突出的结构短缺问题，

不能满足我国经济社会持续发展的需要。①石油保障程度逐年下降，对外依存度上升，已经超过50%。②铁矿储量和产能难以保障需求，且保障程度逐年下降。③铝土矿可供储量难以保障需求，自给率下降，缺口加大。④钾盐资源严重不足，供需形势严峻。

伴随着我国能矿资源关键矿种呈现结构短缺，我国能源资源产区与加工消费区的错位问题将更加突出，能矿资源的运输距离越来越远。如在消费需求不断增长和资源流动规模不断扩大的共同作用下，我国能源供应的平均运输距离也在不断加长。

我国关键矿种的日益短缺，以及能矿资源产区与加工消费区的空间错位问题日趋突出，要求我国在今后的经济社会发展中逐步转变过多依赖国内资源的局面，并充分利用两种资源、开发两大市场，增加对世界资源的利用和关键资源的储备。我国国土空间开发格局的优化，要适应我国能源资源供应的战略新取向，加强沿海、东北、西北口岸城市和沿海、沿边重化工业基地建设，同时加强中西部地区资源、能源基地与东部地区的通道建设。

五、交通条件显著改善，为国土开发向战略纵深推进提供了强有力的支撑

交通基础设施是国土空间开发的基本支撑。通过新中国成立以来70多年的交通建设和发展，我国交通条件显著改善。

第一，形成了覆盖全国的综合交通网络，交通服务能力明显提高。

第二，形成了与国土开发主轴线相耦合的大型综合交通走廊。如在我国国土开发的主轴线上，交通基础设施完备，运输能力强，形成了功能强大、网络发达的综合交通运输走廊。同时，这些大型综合线状交通设施开始发挥对产业和人口的空间引导作用，沿线地区在提升全国经济实力方面贡献突出。

第三，城市群等重点地区已形成我国最为发达的交通基础设施网络。如在长三角、珠三角、京津冀、辽中南、山东半岛、中原、川渝、关中等城市群地区，均建有若干条大运输量的高速公路、高密度的机场，除关中地区和中原地区外，均布局了一系列的港口，成为我国交通基础设施最为发达的区域，为今后这些地区的经济社会发展提供了强力支撑。

第四，交通建设重点已转移到我国中西部地区。目前，我国中远程的交通干线建设重点已经转移到中西部地区。但沿海地区和部分中西部地区的发达地区，在建设综合性的高效能的以城市为中心的运输体系方面明显走在前头，由此形成的区域可达性大为提高。

伴随着我国经济社会快速发展，支撑我国国土空间开发的土地资源、水资源、能矿资源及生态环境等自然基础条件在恶化，资源开发的供需矛盾和产销空间错位问题更加突出，生态环境约束进一步强化。要求国土空间开发需要适应资源环境的变化，面对各地区资源环境承载能力的巨大差异，引导人口和产业合理集聚，城镇发展转向集约、节约型模式。与此同时，交通条件的显著改善为我国国土开发向战略纵深发展创造了条件。未来的国土空间开发可以进一步向中西部地区拓展，在大型综合交通走廊形成新的经济带，在交通最

为发达的区域加快推进城市群的发展。

第二节　优化国土空间开发格局的原则与目标

　　未来一段时间，工业化、城镇化仍将是影响我国国土空间开发格局的主要因素，我国国土空间开发面临的国情和形势更加严峻：经济总量快速扩张，人口总量持续扩大，经济社会结构转型调整加快，有限的国土空间面临承载规模更大、强度更高的经济社会活动。与此同时，支撑我国国土空间开发的土地资源、水资源、能矿资源及生态环境等自然基础条件在恶化，资源的供需矛盾和产销空间错位问题更加突出，生态环境约束进一步强化，国土空间开发格局的优化调整需要进一步明确原则与目标。

一、优化原则

（一）处理好开发与保护的关系，贯彻依据自然条件适宜性开发的理念

　　不同的国土空间，自然状况不同。海拔很高、地形复杂、气候恶劣以及其他生态脆弱或生态功能重要的区域，不适宜大规模高强度的工业化、城镇化开发，有些区域甚至不适宜高强度的农牧业开发，否则将对生态系统造成破坏，对提供生态产品的能力造成损害。因此，必须更加注重开发与保护的关系，尊重自然、顺应自然，根据不同国土空间的自然属性确定不同的开发内容。对生态功能区和农产品主产区，由于不适宜或不应该进行大规模、高强度的工业化、城镇化开发，难以承载较多的消费人口，必然要有一部分人口主动转移到就业机会多的城市地区。同时，人口和经济的过度集聚以及不合理的产业结构也会给资源环境、交通等带来难以承受的压力，必须根据资源环境中的"短板"因素确定适宜的可承载人口规模、经济规模以及产业结构。

（二）处理好集聚与区域协调发展的关系，把以人为本放在更加突出的位置

　　其他国家发展经验证明，一国在其起飞和走向成熟阶段的经济快速增长和城市化过程中，其生产与人口空间分布的演变具有"宏观上持续聚集，微观上先集中后分散"的规律性，但由此也会造成生产与人口在地域分布上的"过密和过疏"问题。在我国，区域发展差距过大，2亿多人口常年大流动及带来的种种社会问题，水资源和能源大规模跨区域调动的压力日益增大，超大城市资源环境的"不堪重负"等问题，其实质都是市场机制作用下的空间失衡，主要是没有处理好集聚与区域协调发展的关系，造成资源、能源及人口分布与经济活动的严重不协调。因此，今后国土空间开发要把空间中人的公平放在更加突出

的位置,正确处理好集聚与区域协调发展的关系,正视区域资源环境背景差异以及日益凸显的城乡间、地区间发展水平差异所带来的社会失衡问题,拓展国土开发的空间战略纵深,促进人口与经济分布的相对均衡,因地制宜地引导或者约束区域的开发和发展,协调城乡关系;通过财政转移支付等政策手段,逐步缩小地区社会发展的差距。

(三)更加注重市场机制的基础性作用,突出经济区域的培育与发展

我国现行行政管理体制既赋予了地方政府对所辖区域社会经济发展过多的行政管理权,又给予了地方政府过大的经济增长压力(如主要考核干部的 GDP、财政收入、吸引投资等指标所带来的巨大压力),行政区经济仍然主导着我国区域经济发展和国土空间开发,阻碍生产要素的自由流动和资源的高效利用。尽管 21 世纪以来,区域规划缓解了这种各自为政的"小而全"问题,但很可能产生新的、以区域为单元的"大而全"的无序竞争现象。因此,在未来国土空间开发中,要更加注重市场机制在国土开发中的基础性作用,理顺地域间的正常经济联系,加强以经济联系为基础的城市群和经济区建设,将打造扩大地区间的地域联系的经济带作为国土空间开发的重要形式;适应经济全球化发展的新形势,充分考虑与周边国家的联系,注重国际经济要素的利用,加强国际次区域地区的合作发展。

(四)更加注重国土安全,突出生存安全和民族、边疆地区的繁荣稳定

引入国土安全观,从保障国土安全的战略高度,对涉及国家生存的粮食安全、战略性资源能源安全、生态安全等要强化国土空间保障,明确空间对策;从民族团结和边疆稳定的战略高度出发,更加重视民族、边疆地区经济社会的发展,将民族、边疆地区的开发建设作为国土空间开发的重点,纳入国土开发的重要战略部署。

二、优化国土空间开发的战略目标

优化国土空间开发格局的战略目标应立足于体现国家意志,着眼于未来 20 ～ 30 年我国经济社会发展的宏观战略要求,充分考虑我国国情和区域协调发展的需要,结合区域资源和环境条件的可能,形成高效、协调和可持续的国土空间开发格局。

目标 1:形成高效、节约、疏密有致的国土空间开发格局。

坚持集约节约、资源高效配置的原则,引导全国及各地区产业和人口的合理集聚,形成与自然环境条件相适宜的疏密有序的发展格局。强化都市圈、城市群以及经济带的集聚功能;通过产业、功能提升和支撑保障体系的构建,优化经济区的空间结构,形成集约化、高效率、节约型和现代化的发展与消费的空间格局;依托点—轴系统,促进城乡之间、经济核心区与周边地区的协调发展;贯彻基本公共服务均等化原则,加大国家对欠发达地区的支持力度,促进民族地区、边疆地区和贫困地区经济社会发展。

目标 2：建设绿色、安全的国土，构建国土安全屏障。

促进生态保护与修复的结合，加强生态敏感地区保护和生态退化地区整治，逐步恢复重要河湖江源及滨海湿地功能。提升预防和应对重大自然灾害风险的能力；以人为本，形成以水网和开敞空间为支撑的绿色国土。

目标 3：融入全球经济体系的开放国土，提高国际竞争力。

构建保障可持续利用国际资源的支撑体系。包括提升沿海深水港口及其集疏运系统的能力、沿边能矿资源保障的战略通道建设；强化长三角、珠三角、京津冀地区国际功能，提升我国参与国际竞争，主动融入全球经济体系的能力；构建与周边国家战略合作的次区域经济圈，包括东北亚次区域合作、中亚次区域合作、东南亚次区域合作、南亚次区域合作等。

第三节 国土空间开发格局的理论与形成机制

一、国土空间开发的基础理论

国土空间开发一直是区域经济学和发展经济学关注的重点命题。自 1826 年杜能提出农业区位论以来，学者们进行了扎实有效的研究。从国土空间开发相关理论演进过程来看，主要包括：①区位选择理论，主要是以运输费用为核心的成本分析、市场分析、成本 - 市场综合分析等；②区域经济增长理论，包括均衡增长理论、非均衡发展理论及内生增长理论等，其核心是集聚与区域经济增长的关系；③区域分工与贸易理论，绝对优势理论、比较优势理论、要素禀赋理论等；④区域开发理论，包括据点开发、点 - 轴开发、网络开发等。此外，近年来兴起的新经济地理学成为理论界的热点。

（一）区位选择理论

区位选择理论通过建立假设，运用成本分析、市场分析，或者成本 - 市场综合分析来解释经济活动区位的选择。主要包括：杜能的农业区位论、韦伯的工业区位论、克里斯泰勒的中心地理论和廖什的市场区位论。

——农业区位论。德国经济学家杜能最早注意到运输费用对区位的影响，在《孤立国同农业和国民经济的关系》[①] 一书中，杜能指出距离城市远近的地租差异即区位地租或经济地租，是决定农业土地利用方式和农作物布局的关键因素。由此他提出了以城市为中心呈六个同心圆状分布的农业地带理论，即著名的"杜能环"。

---

① 杜能. 孤立国同农业和国民经济的关系 [M]. 北京：商务印书馆，1986.

——工业区位论。德国经济学家韦伯继承了杜能的思想，在其著作《论工业区位》《工业区位理论》①中韦伯得出三条区位法则：运输区位法则、劳动区位法则、集聚或分散法则。他认为运输费用决定着工业区位的基本方向，理想的工业区位是运输距离和运量乘积最低的地点。除运费以外，韦伯又增加了劳动力费用因素与集聚因素，认为由于这两个因素的存在，原有根据运输费用所选择的区位将发生变化。

——中心地理论。德国地理学家克里斯塔勒在其《德国南部的中心地原理》②一书中，将区位理论扩展到聚落分布和市场研究，认为组织物质财富生产和流通的最有效的空间结构是一个以中心城市为中心地、由相应的多级市场区组成的网络体系。在此基础上，克氏提出了正六边形的中心地网络体系，并且认为有三个原则支配中心地体系的形成：市场原则、交通原则和行政原则。

——市场区位论。德国经济学家廖什在其著作《经济空间秩序》③一书中，将利润原则应用于区位研究，并从宏观的一般均衡角度考察工业区位问题，从而建立了以市场为中心的工业区位理论和作为市场体系的经济景观论。

（二）区域经济增长理论

1. 均衡发展理论

均衡发展理论的假设前提是要素替代、完全竞争、规模报酬不变、资本边际收益递减。这样在市场经济下，资本从高工资发达地区向低工资欠发达地区流动，劳动力从低工资欠发达地区向高工资发达地区流动，随着生产要素的流动，各区域的经济发展水平将趋于收敛（平衡），该理论主张在区域内均衡布局生产力，从而使得各地区经济平衡增长。区域均衡发展理论包括：赖宾斯坦的临界最小努力命题论，纳尔森的低水平陷阱理论，罗森斯坦·罗丹的大推进理论，纳克斯的贫困恶性循环理论，等等。

赖宾斯坦的临界最小努力命题论，认为为使一国经济取得长期持续增长，就必须在一定时期受到大于临界最小规模的增长刺激。纳尔森的低水平陷阱理论，认为不发达经济的居民收入通常也很低，这使储蓄和投资受到极大局限；如果以增大国民收入来提高储蓄和投资，又通常导致人口增长，从而又将人均收入退回到低水平均衡状态中，这是不发达经济难以逾越的一个陷阱。在外界条件不变的情况下，要走出陷阱，就必须使人均收入增长率超过人口增长率。罗森斯坦·罗丹的大推进理论，主张发展中国家在投资上以一定的速度和规模持续作用于各产业，从而冲破其发展瓶颈。由于该理论基于三个"不可分性"④，因此更适用于发展中国家。纳克斯的贫困恶性循环理论，认为资本缺乏是不发达国家经济

---

① 韦伯. 论工业区位 [M]. 北京：商务印书馆，2010.

② 克里斯塔勒. 德国南部的中心地原理 [M]. 北京：商务印书馆，2010.

③ 廖什. 经济空间秩序 [M]. 北京：商务印书馆，2010.

④ 即社会分摊资本的不可分性、需求的不可分性、储蓄供给的不可分性以及外部的经济效果。

增长缓慢的关键因素，这是由于投资能力不足或储蓄能力太弱造成的，而这两个问题的产生又是由于资本供给和需求两方面都存在恶性循环；但通过平衡增长可以摆脱恶性循环，进而扩大市场容量并形成投资能力。

均衡发展理论的缺陷在于忽略了规模效应和技术进步的因素，特别是由于规模效应的存在，规模报酬并不是不变的，市场力量作用通常导致区域差异增大而不是缩小。发达地区由于具有更好的基础设施、服务功能和更大的市场，必然对资本、劳动力等要素具有更强的吸引力，这就导致在完全竞争下，极化效应往往超过扩散效应，区际差异加大。此外，这一理论没有考虑要素空间流动时要克服空间距离而发生的运输费用。

2.非均衡发展理论

——梯度转移理论，源于弗农提出的产品生命周期理论[1]。该理论认为，工业各部门及各种工业产品，都处于生命周期的不同发展阶段，即经历创新、发展、成熟、衰退四个阶段。此后区域经济学家将这一理论引入区域经济学中，便产生了区域经济发展梯度转移理论。该理论认为，区域经济的发展取决于其产业结构的状况，而产业结构的状况又取决于地区经济部门，特别是主导产业在工业生命周期中所处的阶段。如果其主导产业部门由处于创新阶段的专业部门所构成，则说明该区域具有发展潜力，因此将该区域列入高梯度区域。随着时间的推移及生命周期阶段的变化，生产活动逐渐从高梯度地区向低梯度地区转移，而这种梯度转移过程主要是通过多层次的城市系统扩展开来的。

梯度转移理论主张发达地区应首先加快发展，然后通过产业和要素向欠发达地区的转移带动整个区域发展。梯度转移理论的局限性在于难以精确划分梯度，有可能把不同梯度地区发展的位置凝固化，造成地区间发展差距进一步扩大。

——累积因果理论。缪尔达尔认为[2]，在一个动态的社会过程中，社会经济各因素之间存在着循环累积的因果关系。市场力量的作用一般趋向于强化而不是弱化区域间的不平衡，即如果某一地区由于初始的优势而比别的地区发展得快一些，那么它凭借已有优势在以后的日子里会发展得更快一些。这种累积效应有两种相反的效应，即回流效应和扩散效应。前者指落后地区的资金、劳动力向发达地区流动，导致落后地区要素不足，发展更慢；后者指发达地区的资金和劳动力向落后地区流动，促进落后地区的发展。

区域经济能否得到协调发展，关键取决于两种效应孰强孰弱。在欠发达国家和地区经济发展的起飞阶段，回流效应都要大于扩散效应，这是造成区域经济难以均衡发展的重要原因。因此，要促进区域经济的协调发展，必须有政府的有力干预。这一理论对于发展中国家解决地区经济发展差异问题具有重要指导作用。

① 方创琳.区域发展规划论[M].北京：科学出版社，2004.

② 郝守义，安虎森.区域经济学[M].北京：经济科学出版社，2004.

——不平衡增长论。赫希曼认为[1]，经济进步并不同时出现在每一处，经济进步的巨大推动力将使经济增长围绕最初的地区集中，即增长极。他提出了与回流效应和扩散效应类似的"极化效应"和"涓滴效应"，在经济发展的初期阶段，极化效应占主导地位，因此区域差异会逐渐扩大，但从长期看，涓滴效应将逐步占主导，区域差异也趋向缩小。

——增长极理论。佩鲁认为[2]，增长并非同时出现在各部门，而是以不同的强度首先出现在一些增长部门，然后通过不同渠道向外扩散，并对整个经济产生不同的终极影响。显然，他主要强调规模大、创新能力强、增长快速、居支配地位且能促进其他部门发展的推进型单元即主导产业部门，着重强调产业间的关联推动效应。布代维尔从理论上将增长极概念的经济空间推广到地理空间，认为经济空间不仅包含了经济变量之间的结构关系，也包括了经济现象的区位关系或地域结构关系。

增长极理论认为，增长极的产生取决于有无发动型的产业，区域上则取决于有无发动型的核心区域。这个核心区域通过极化和扩散过程形成增长极，以获得较高的经济效益和发展速度。这种核心区域的发展速度较快，且与其他地区的关系特别密切，在没有制度障碍的情况下，具有持续的空间集中倾向。

点 - 轴开发理论是增长极理论的重要拓展，该理论不仅强调"点"（城市或优区位地区）的开发，而且强调"轴"（点与点之间的交通干线）的开发，形成点 - 轴系统。但是点 - 轴理论具有局限性，其更适用于区域发展初期，可在有限投入下获得较好的效果，但在区域发展的中后期，特别是城镇体系较为发育的情况下，这一理论在微观尺度上已经不再适应实践要求（如城市群内部），但在宏观尺度上（城市群之间）仍具有一定指导意义。

——中心 - 外围理论，是由普雷维什（1949）最早提出的，他对拉美的研究发现，在传统的国际劳动分工下，世界经济被分成了"中心"和"外围"两部分[3]。在这种"中心 - 外围"的关系中，"工业品"与"初级产品"之间的分工并不像古典或新古典主义经济学家所说的那样是互利的，恰恰相反，由于技术进步及其传播机制在"中心"和"外围"之间的不同表现和不同影响，这两个体系之间的关系是不对称的。

弗里德曼对其进行了发展，从区域经济学的角度讨论了中心和外围的关系。弗里德曼认为区域发展通过一个不连续的，但又是逐步积累的创新过程实现，而发展通常起源于区域内少数的"中心"，创新由这些中心向周边地区扩散，周边地区依附于"中心"而获得发展。中心区发展条件较优越，经济效益较高，处于支配地位，而外围区发展条件较差，经济效益较低，处于被支配地位。因此，经济发展必然伴随着各生产要素从外围区向中心

---

①　安虎森. 空间经济学原理 [M]. 北京：经济科学出版社，2005.

②　增长极概念的出发点是抽象的经济空间，是以部门分工所决定的产业联系为主要内容，所关心的是各种经济单元之间的联系。

③　即"大的工业中心"和"为大的工业中心生产粮食和原材料"的"外围"。

区的净转移。在经济发展初始阶段，二元结构十分明显，最初表现为一种单核结构，随着经济进入起飞阶段，单核结构逐渐为多核结构替代，当经济进入持续增长阶段，随着政府政策干预，中心和外围的界限会逐渐消失，经济在全国范围内实现一体化，各区域优势充分发挥，经济获得全面发展。

——倒"U"形理论。威廉姆逊把库兹涅茨的收入分配倒"U"形假说应用到分析区域经济发展方面，将时序问题引入了区域空间结构变动分析，提出了区域经济差异的倒"U"形理论[1]。他通过截面分析和时间序列分析发现，发展阶段与区域差异之间存在着倒"U"形关系，均衡与增长之间的替代关系依时间的推移而呈非线性变化。

纵观上述非均衡发展理论，其共同的特点是，二元经济条件下的区域经济发展轨迹必然是非均衡的，但随着发展水平的提高，将逐渐向区域经济一体化过渡。其区别主要在于，它们分别从不同的角度来论述均衡与增长的替代关系，在发展阶段与非均衡性的关系上截然不同。增长极理论、不平衡增长论和梯度转移理论倾向于认为无论处在经济发展的哪个阶段，进一步的增长总要求打破原有的均衡。而倒"U"形理论强调经济发展程度较高时期增长对均衡的依赖。

3. 内生增长理论

内生增长理论认为经济能够不依赖外力推动实现持续增长，内生的技术进步是保证经济持续增长的决定因素[2]。

内生增长模型在完全竞争假设下考察长期增长率的决定因素。有两条路线：一是罗默、卢卡斯等人用全经济范围的收益递增、技术外部性解释经济增长，代表性模型有罗默的知识溢出模型、卢卡斯的人力资本模型、巴罗模型等；二是用资本持续积累解释经济内生增长，代表性模型是琼斯—真野模型、雷贝洛模型等。

为克服完全竞争假设条件过于严格，解释力弱，以及无法较好地描述技术商品的非竞争性和部分排他性等不足，20世纪90年代以来，增长理论家开始在垄断竞争假设下研究经济增长问题，提出了一些新的内生增长模型。根据对技术进步的不同理解，主要有三类：产品种类增加型、产品质量升级型、专业化加深型。

（三）区域开发理论

1. 据点式开发

据点式开发的理论基础是增长极理论，即一个地区的开发应当从一个或若干个"点"开始，并使其逐步发展成中心城市，进而以中心城市为基础，带动周围区域的发展。中国

① 安虎森. 空间经济学原理 [M]. 北京：经济科学出版社，2005.
② 波金斯. 发展经济学 [M]. 北京：中国人民大学出版社，2005.

区域开发实践的经验与教训表明，对欠发达地区，据点式开发是一种适宜的国土开发空间战略。通过政府的作用来集中投资，加快若干条件较好的区域或产业的发展，进而带动周边地区或其他产业发展，可集中使用有限的建设资金，发挥各种设施空间集中形成的集聚效应，同时也可使新区开发就近得到支援。20 世纪 70 年代以来，中国在中西部地区实际上实行的就是据点式开发空间发展战略。

但该模式忽略了在培育据点或增长极的过程中，增长极和周围地区的发展差距加大，进而导致彼此之间产业难以配套，影响了区域发展的平衡性和可持续性。

2. 点 - 轴开发

点 - 轴开发理论除了重视"点"（中心城镇或经济发展条件较好的区域）的增长极作用外，还强调"点"与"点"之间的"轴"（交通干线）的作用，认为随着重要交通干线如铁路、公路、河流航线的完善，连接地区的人流和物流迅速增加，生产和运输成本降低，形成了有利的区位条件和投资环境。产业和人口向交通干线聚集，使交通干线连接地区成为经济增长点，沿线成为经济增长轴。在国家或区域发展过程中，大量生产要素在"点"上集聚，并由线状基础设施联系在一起而形成"轴"。

点 - 轴理论十分重视地区发展的区位条件，强调交通条件对经济增长的作用，点 - 轴开发对地区经济发展的推动作用要大于单纯的增长极开发，也更有利于区域经济的协调发展。我国的生产力布局和区域经济基本上是按照点 - 轴开发的战略模式逐步展开的。

3. 网络开发

网络开发理论是点 - 轴理论的延伸。该理论认为，在经济发展到一定阶段后，一个地区形成了增长极（各类中心城镇）和增长轴（交通沿线），点和轴的影响范围不断扩大，在更大的区域范围内形成商品、资金、技术、信息、劳动力等生产要素的配置网和交通、通信网。网络开发理论强调增长极与整个区域之间生产要素交流的广度和密度，促进地区经济一体化和城乡一体化。同时，通过网络的拓展，加强与区外其他区域经济网络的联系，将更多的生产要素进行合理配置和优化组合，促进更大区域内经济的发展。网络开发理论宜在经济较发达地区应用。

网络开发理论有利于缩小地区间的发展差距。增长极开发、点 - 轴开发都是以强调重点发展为特征，在一定时期内会扩大地区发展差距。而网络开发是以均衡分散为特征，将增长极、增长轴的扩散向外推移。一方面要求对已有的传统产业进行改造、更新、扩散、转移；另一方面又要求及时开发新区，以达到经济布局的平衡。新区开发一般也采取点 - 轴开发形式，而不是分散投资，全面铺开。这种新旧点 - 轴的不断渐进扩散和经纬交织，逐渐在空间上形成一个经济网络体系。

网络开发一般适用于较发达地区或经济重心地区。它同时强调推进城乡的一体化，加快整个区域经济全面发展。所以，该理论应用应选择在经济发展到一定阶段后，区域之间发展差距已经不大，区域经济有能力全面开发新区的时候实施。

二、国土空间开发格局的形成机制

基于理论综述，国土空间开发格局主要受资源本底、政策环境、发展阶段三类因素影响，这些因素通过路径依赖、集聚与知识溢出、外部性、区域政策和制度四种机制共同作用于国土空间格局。

（一）影响因素

国土空间开发格局的影响因素很多，静态看，主要受到资源禀赋、政策环境两方面影响，其中资源禀赋具有客观性，政策环境则具有主观能动性；而动态看，还受到区域发展差距、工业化城镇化发展阶段的影响，发展阶段具有客观性。

1. 资源本底

资源禀赋包括区域的土地资源、水资源、矿产资源、生态资源等的丰裕程度、匹配程度、比较优势和承载能力，区域已开发程度与开发潜力等。海拔很高、地形复杂、气候恶劣以及其他生态脆弱或生态功能重要的区域，并不适宜大规模高强度的工业化城镇化开发，否则，将对生态系统造成破坏。各区域资源禀赋决定了其主体功能，如有的区域在提供农产品上具有优势，有的区域则更适合提供生态产品，而另外一些区域适合大规模高强度的工业化城镇化开发等。

资源本底具有客观性，可分为两类：一类是很难通过人类努力进行调整的，如气候、水文、开发建设条件等，具有绝对客观性；另一类是通过人类努力得到适当改变的，如资源能源的跨区域调配、交通条件的改善等，但其受到市场机制的约束，具有相对客观性。

2. 政策环境

政策环境包括区域发展战略、区域增长模式、经济体制等。

区域发展战略受政府意志影响显著，多为解决特定历史条件下经济社会发展中存在的问题而采取的空间上的解决途径，这在政府调控力度较强的国家表现得尤为显著。如我国，新中国成立初期实行高度集中的计划经济体制，为应对可能出现的战争，大量项目布局在中西部地区；而改革开放以后，为对外开放和招商引资的需要，沿海成为经济发展的重点地区，在区域发展战略上强调东部率先。

区域增长模式是在特定历史条件下市场力量和政府力量共同作用形成的，比较有代表性的有出口导向、内需导向、出口替代战略等，任何一种增长模式必然要求在空间上相应地给以支撑，如我国长期实施出口导向战略，在全球化和本地化循环累积作用下，沿海经济带得到快速发展。国土空间是经济增长模式的重要载体，而国土空间开发格局的调整也是转变增长方式的重要内容。

经济体制直接影响着经济要素在空间上的组织方式，如我国在计划经济体制下，各种生产要素和产品按照计划进行配置，地方政府缺少经济发展和空间开发的能动性，呈点状均衡化布局，但各点之间缺乏内在的经济联系，其结果必然是低效率和低效益。从20世纪80年代开始，财政实行地方政府承包制，即"分灶吃饭"，诱发了地方政府发展经济的冲动，经济组织在空间上表现为行政区经济，"断头路"等使得行政区交界地区发展缓慢，过多的行政干预使行政区之间缺少有效的分工，要素配置效率不高，比较优势难以充分发挥，发展潜力难以完全释放。

3. 发展阶段

学者们的研究表明，发展阶段与区域空间结构之间存在显著关系。①发展阶段与区域差异之间存在着倒"U"形关系，均衡与增长之间的替代关系依时间的推移而呈非线性变化。②空间一体化过程与区域经济发展阶段存在对应关系。一般说来，在发展初期，区域差距比较小，空间开发上多采取增长极战略，进行据点式开发；而发展中后期，区域发展差距会逐渐扩大，这时，需要引导生产要素跨区域合理流动以缩小区域发展差距，成为影响国土空间开发战略的重要方面。这一过程同时受到工业化城镇化阶段、经济体制转型等时间维度变量的影响。

（二）形成机制

国土空间开发格局的形成，从根本上说，是资源和要素在空间上配置的结果。在市场经济条件下，市场是国土空间开发格局主要推动力量，伴随市场配置资源和要素的过程，正外部性和负外部性不断产生。如在一些地区进行项目建设，改善其产业配套条件，增强其承接产业转移的能力，增强这些地区承载经济和人口的能力，从而产生正外部性；而在生态环境比较脆弱的地区进行资源开发，则有可能破坏这些地区的生态环境，降低其提供生态产品的能力，形成负外部性。

优化国土空间开发格局，就是要鼓励正外部性、抑制负外部性。在存在外部性和公共产品生产的领域，市场经常会失灵，因此国土空间开发格局的优化也离不开政府力量。政府发挥作用主要是设计合理的政策体系，选准合宜的作用领域——主要是弥补市场失灵，而不是代替市场的作用。其中市场机制主要包括路径依赖效应、集聚与知识溢出、外部效应等，政府机制主要包括土地制度、财税制度、户籍制度、环境制度等。

1. 路径依赖

路径依赖是指一个具有正反馈机制的体系，一旦在外部性偶然事件的影响下被系统所采纳，便会沿着一定的路径发展演进，很难为其他潜在的更优的体系所代替。一旦进入一种低效或无效的状态则需要付出大量的成本，否则很难从这种路径中解脱出来。克鲁格曼认为，现实中的产业区的形成是具有路径依赖性的，而且产业空间集聚一旦建立起来，就倾向于自我延续下去。

产生空间上路径依赖的原因，一是市场保护，城市或区域政府出于就业和稳定的考虑，倾向于保护辖区内的企业和产业，这样就在政府的市场保护政策下形成了一个进入壁垒，阻碍外地商品进入；二是迁移成本，即新企业从一个地区迁移到另一个地区所要付出的代价；三是制度障碍，地方政府往往设置许多不利于企业迁移的地方政策，同时营造一种能使这类企业继续生存的空间，这会使有迁移愿望的企业锁定在原来的区位。要素流动不顺畅，也使得在宏观空间结构上倾向于保持固有的格局。

2. 集聚与知识溢出

所有的区域空间结构理论都强调集聚经济在区域经济发展中的作用。运用集聚经济将那些在生产或分配方面有着密切联系，或是在产业布局上有着共同指向的产业，按一定比例在某个拥有特定优势的区域，形成一个地区生产系统。在系统中，每个企业都因与其他关联企业接近而改善自身发展的外部环境，并从中受益，结果系统的总体功能大于各个组成部分功能之和。梯度推移理论认为大城市是高区位区，就因为它可以依靠集聚经济来推动与加速发明创造、研究与开发工作的进程，节约所需投资；增长极理论强调城市体系中城市等级结构的差异，实际上是考虑城市集聚经济能力；生产综合体理论更是指出要追求集聚经济；而产业集群理论不仅强调大量产业联系密切的企业集聚，而且还强调相关支撑机构在空间上的集聚，获得集聚经济带来的外部规模经济。

知识溢出效应近年来也得到了更多的关注，新经济地理理论认为，空间邻近的知识溢出在产业区位形成中具有重要作用，空间集聚与经济增长之间之所以具有显著的相互影响，其关键就在于知识溢出的空间特征。内生增长理论将区域增长归结为要素投入与知识积累，在区域层面，知识溢出依赖于区域之间的地理距离、技术差距及学习能力，知识溢出在领先和落后地区的流动是双向的，但领先地区向落后地区的溢出更大，外生知识增长是影响区域增长的主要变量，邻近区域的知识溢出效应更为明显，知识溢出的生产力效应随着地理距离的邻近而增强。

3. 外部效应

外部性通常是指私人收益与社会收益、私人成本与社会成本不一致的现象。如果一种经济行为给外部造成了积极影响，使社会收益大于私人收益，使他人减少成本，则称为正外部性；如果一种经济行为给外部造成消极影响，导致社会成本大于私人成本，使他人收益下降，则称为负外部性。生产和消费过程中当有人被强加了非自愿的成本或利润时，外部性就会产生。更为精确地说，外部性是一个经济机构对他人福利施加的一种未在市场交易中反映出来的影响。如何让外部效应内部化是解决负外部性的关键。

在区域经济活动中，河流、空气、人才等流动性明显的资源无法明确界定其区域空间归属，因而，企业缺乏保护河流、治理污染的动力。而我国地方政府具有特别突出的"经济人"属性，他们的行为"同经济学家研究的其他的行为没有任何不同"，他们都以自身利益最大化为目标，缺少对外部性的考虑。这两方面原因共同作用于国土空间开发格局。

正是由于外部性特别是负的外部性的存在，就需要中央政府进行政策调整以达到优化国土空间格局的目的，体现为两种不同的政策模式：一是通过区域经济一体化与区域合作，在私人市场中把外部性内部化，减少区域之间的恶性竞争，内化区域之间的交易成本以及克服区域之间的负外部性；二是区域补偿政策，政府对有负外部性的活动征税以及对有正外部性的活动提供补贴。

4.区域政策与制度

在市场经济下，虽然中央政府对于经济资源的掌握能力大大弱于计划经济，但中央政府仍然拥有一系列干预区域经济运行的手段。区域政策工具可以分为三大类：一类是微观政策工具，一类是宏观政策工具，另外一类是协调政策工具。微观政策工具包括劳动力再配置政策（迁移政策、劳动力市场政策、劳动力报酬政策）、资本再配置政策（如对资本、土地、建筑物等生产要素的投入进行财政补贴，对产品进行税收减免，对技术进步进行财政补助、税收减免，等等）。宏观政策工具包括区域倾斜性的税收与支出政策、区域倾斜性的货币政策、区域倾斜性的关税与其他贸易政策。协调政策工具主要用于微观政策之间的协调、微观与宏观政策之间的协调、中央与区域开发机构之间的协调、区域开发机构与地方政府之间的协调。

按照政策的功能，区域政策工具可以分为奖励性政策和控制性政策两大类。前者包括转移支付、优惠贷款、税收减免、基础设施建设、工业和科技园区设立等，后者包括明文禁止相关开发活动、对一些开发活动实施许可制度和提高税收等。

——财税政策。包括收入类政策和支出类政策。其中收入类政策大体可以分为税、费、债和转移性收入四项，支出类政策大致包括政府投资、公共服务、财政补贴和政府采购四项，其主要作用：一是支持特定地区改善发展所需要的基础设施；二是支持特定地区增强提供公共产品的能力，或向特定地区的居民提供特定的公共产品；三是在特定地区进行生态环境基础设施建设；四是鼓励资本和劳动力进入或转移出特定地区；五是鼓励或限制某些产业的发展；六是引导市场参与者节约资源、保护环境。

——投资政策。包括中央财政基本建设支出预算安排、固定资产投资规模控制、重大项目布局等。其主要作用：一是在特定地区进行交通、通信、生态环境保护等基础设施建设；二是鼓励或抑制特定地区固定资产投资的增长；三是在特定地区培育经济增长极；四是引导社会投资的空间流向。

——产业政策。包括鼓励性或限制性产业发展指导目录、产业技术标准的设立等。其主要作用：一是引导资源和要素在空间上的配置，合理化产业的空间布局；二是鼓励或限制特定产业发展，优化特定地区产业结构；三是鼓励或限制特定开发活动，促进资源开发与生态环境保护的协调。

——土地政策。包括建设用地指标分配、土地最低价格标准、单位土地投入产出强度控制等。其主要作用：一是鼓励或限制特定地区的发展；二是鼓励或抑制特定产业的发展；三是鼓励或限制特定的开发活动。

——人口管理政策。包括人口生育政策、人口迁移政策、劳动力培训政策和劳动力市场政策等。其主要作用：一是调节特定地区的人口生育率和人口增长率；二是鼓励或限制城乡居民迁入迁出特定地区；三是增强劳动者在区外寻求生存和发展机会的能力；四是合理调节劳动要素在空间上的配置。

——环境保护政策。包括环保标准的制定和实施、环保禁令的颁布、环保税收的设定、污染排放指标的分配、环境基础设施投资的安排等。其主要作用：一是在特定地区进行生态环境保护工程建设；二是鼓励或限制特定产业在特定地区的发展；三是调节特定地区的生产和消费活动，促进人与自然的和谐相处。

——绩效评价和政绩考核政策。包括指标的设立、奖惩制度安排等。其主要作用：一是引导各地区制订和实施符合自身功能定位的经济社会发展规划；二是引导各地进行符合自身功能定位的开发活动。

——规划政策。包括空间开发规划的制订与实施、经济社会发展规划的制订与实施等，以及各类规划之间的协调。其主要作用：一是规范国土空间开发秩序；二是引导各地区制订符合自身功能定位的经济社会发展规划；三是促进各地区协调发展。

第二章　国土空间区域规划

第一节　国土空间自然区划

一、国土空间自然区划基础

自然资源调查评价是一项特殊的地理基础研究，是全面认识自然环境和自然资源的科学手段。开展自然资源调查评价是为了掌握各地自然条件的变化规律、自然资源的禀赋情况，阐明合理开发利用保护自然资源的方向和路径。地理工作者对特定的国土空间开展自然资源调查评价工作的成果是自然地理区划的基础，它包括自然要素调查评价成果和自然景观调查评价成果，前者属于部门自然地理学研究范畴，后者属于综合自然地理学研究范畴。国土是生态文明建设的空间载体，从大的方面统筹谋划，搞好顶层设计，首先要把国土空间保护开发格局设计好。自然资源调查评价成果既是自然地理区划的基础，也是国土空间保护开发格局设计的基础。

我国辽阔的国土空间中有巍峨的群山、纵横的河流、广袤的草原、肥沃的农田、辽阔的海洋，是中华民族的美好家园。自古以来，中华民族在这里繁衍生息，创造了辉煌历史和灿烂文化。21世纪以来，我国现代化建设全面展开，工业化城镇化快速推进，乡村振兴日新月异，一家家工厂不断涌现，一条条公路纵横南北，一座座城市拔地而起，一片片农田生气勃勃，一个个村庄焕然一新，我们的家园发生了深刻变化。构建美好家园，首先要了解我们这个家园的自然状况，认识已经发生的变化以及还将发生怎样的变化，搞好我国国土空间自然资源调查评价是必须的。

20世纪50年代以来，我国国土空间自然资源调查评价工作取得了巨大成就。广大地理工作者积极参与国土空间自然资源调查评价，取得了丰硕的研究成果，丰富了人们对我国国土空间自然条件和自然资源的认识，为科学编制自然地理区划奠定了坚实基础。

自然条件基本状况。我国位于亚欧大陆东部，太平洋西岸，地理位置独特，地形地貌复杂，气候类型多样。其一，地形。我国地势西高东低，自西向东呈现海拔差异明显的三大阶梯。地形种类多样，山地、高原、盆地、平原和丘陵均有分布。西部高山广布，以山地、高原和盆地为主；东部平坦低缓，以丘陵和平原为主。其二，气候。我国受地形地貌和季风环流影响，既有热带、亚热带和温带季风气候，也有温带大陆性、高原山地和海洋性气候。由东南沿海向西北内陆，水热条件空间分异明显。青藏高原为高寒气候，热量不足；青藏高原以东地区为大陆性季风气候，雨热同期；青藏高原以北地区为干旱气候，降雨稀少。其三，植被。我国植被类型丰富，有森林、灌丛、草原、草甸、荒漠和草本沼泽等。森林覆盖率较低，主要分布在南方和东北地区，草原主要分布在北方和青藏高原地区。其四，灾害。我国自然灾害种类多，区域性、季节性和阶段性特征突出，并具有显著的共生性和伴生性。自然灾害发生频繁，除现代火山活动导致的灾害外，其他自然灾害几乎每年都有发生。其五，海洋。我国海域辽阔，跨越热带、亚热带和温带，大陆海岸线长达1.8万多千米。海洋资源种类繁多，海洋生物、石油及天然气、固体矿产、可再生能源等资源丰富，开发潜力大。

中国自然资源主要特点。经对全国陆地国土空间中土地资源、水资源、环境容量、生态系统脆弱性、生态系统重要性、自然灾害危险性、人口集聚度以及经济发展水平、交通优势度等因素的综合评价，从工业化城镇化开发角度，我国国土空间具有以下特点：其一，陆地国土空间辽阔，但适宜开发的面积少。我国陆地国土空间面积广大，居世界第三位，但山地多、平地少，约60%的陆地国土空间为山地和高原。适宜工业化城镇化开发的面积有180余万平方千米，但扣除必须保护的耕地和已有建设用地，今后可用于工业化城镇化开发及其他方面建设的面积只有28万平方千米左右，约占全国陆地国土总面积的3%。适宜开发的国土面积较少，决定了我国必须走空间节约集约的发展道路。其二，水资源总量丰富，但空间分布不均。我国水资源总量为2.8万亿立方米，居世界第六位，但人均水资源量仅为世界人均占有量的28%。水资源空间分布不均，水资源分布与土地资源、经济布局不相匹配。南方地区水资源量占全国的81%，北方地区仅占19%；北方地区水资源供需紧张，水资源开发利用程度达到了48%。水体污染、水生态环境恶化问题突出，南方一些水资源充裕地区出现水质型缺水。水资源短缺，既影响着经济发展，也制约着人口和经济的均衡分布，还带来了许多生态问题。其三，能源和矿产资源丰富，但总体上相对短缺。我国能源和矿产资源比较丰富，品种齐全，但主要化石能源和重要矿产资源的人均占有量大大低于世界平均水平，难以满足现代化建设需要。能源和矿产资源主要分布在生态脆弱或生态功能重要的地区，并与主要消费地呈逆向分布。能源结构以煤为主，优质化石能源资源严重不足，新能源和可再生能源开发潜力巨大。能源和矿产资源的总量、分布、结构与满足消费需求、保护生态环境、应对气候变化之间的矛盾十分突出。其四，生态类型多样，但生态环境比较脆弱。我国生态类型多样，森林、湿地、草原、荒漠、海洋等生态系统均有分布，但生态脆弱区域面积广大，脆弱因素复杂。中度以上生态脆弱区域占全国陆地国土空间的55%，其中极度脆弱区域占9.7%，重度脆弱区域占19.8%，中度脆弱区域占25.5%。脆弱的生态环境，使大规模高强度的工业化城镇化开发只能在适宜开发的有限区域集中展开。其五，自然灾害频繁，灾害威胁较大。我国受灾害影响的区域及人口较多，巨灾风险很大。部分县级行政区位于自然灾害威胁大的区域范围内。频发的自然灾害，加大了工业化城镇化的成本，并给人民生命财产安全带来许多威胁。

二、国土空间自然区划原理

自然区划即自然地理区划，它是地理学家对自然环境空间格局的科学描述，指自然区域的划分或合并。自然区划以地域分异规律为理论基础，按照自然景观的相似性和差异性，在一定的国土空间内逐级进行区域划分或合并，并将划分出来的自然区域按其空间从属关系和地域联系构建自然区域等级系统，表示在专题地图上，这种自然区域系统化方法就是自然区划。自然区划是自然地理学的一种独特的研究方法，它不仅要揭示各级各类自然区域的景观特征和空间关系，还要阐明各级各类自然区域开发利用保护的方向和主要任务。深化自然区划研究不仅是发展现代自然地理学的重要任务，也是搞好国土空间开发格局设计的必然要求。

自然区划体系。由于自然区划的研究对象不同，有的自然区划以自然景观为研究对象，有的自然区划以自然要素为研究对象，因此形成了两类自然区划，即综合自然区划和部门自然区划。综合自然区划以自然综合体为研究对象，它是依据自然综合体的景观特征或景观类型的相似性或差异性进行区域划分或合并。部门自然区划以自然要素为研究对象，它是依据某个自然要素的相似性或差异性进行区域划分或合并，如气候区划、地貌区划、水文区划、土壤区划、生物区划等。部门自然区划是综合自然区划的基础，综合自然区划是部门自然区划的合成。

自然区域。每一个自然地理区域都是地表客观存在的自然综合体，它是该区域各个自然要素如气候、地貌、水文、生物、土壤等长期相互影响、相互作用形成的地理耗散结构。每一个自然地理区域都具有存在客观性、空间唯一性、景观和谐性、发生统一性。自然区域是客观存在的，地理学家运用自然区划原理和方法发现了自然区域，而不是人为划定了自然区域。

自然区域体系。地表自然界是一个独特的镶嵌结构系统，它是由一系列尺度有大小、层次有高低、景观有差异的各级各类自然区域逐级镶嵌、有机合成的统一体。自然区域体系是客观反映地表自然区域镶嵌结构的地理模型，构建自然区域体系是自然区划的基本任务。地域分异学说是建立自然区域体系的理论基础，地带性因素和非地带性因素是地域分异的基本因素，地表任何自然区域都是它们共同作用的历史产物。一部分地理学家认为，地表自然界存在两类互不从属的自然区域，一类自然区域的发生主要取决于地带性因素，具有鲜明的地带性特征，如自然带、自然地带等；另一类自然区域的发生主要取决于非地带性因素，具有鲜明的非地带性特征，如自然区、自然地区等。就说在自然区划中，应当建立两种并列的自然区域系列，即地带性自然区域系列和非地带性自然区域系列，通常称为"双列系统"。另一部分地理学家认为，地带性因素和非地带性因素总是同时作用于地表自然界，每一个自然区域既具有地带性特征，也具有非地带性特征。在建立自然区域体系时，应当把地带性规律和非地带性规律结合起来，综合划分自然区域。这就是说，在自然区划中应当划分出综合性自然区域，它们是地带性因素和非地带性因素共同作用的产物，这种自然区域系列被称为"单列系统"。自然区域双列系统和自然区域单列系统互不相同，但是它们之间存在着相互关联性。一般认为，双列系统是构建单列系统的基础，单列系统是综合双列系统的产物。

三、国土空间自然区划原则

自然区划原则是自然区划的准则，是构建自然区划科学方法、构建自然区划指标体系、构建自然区域体系方案的准则。自然区划原则来源于自然区划实践，自然区划实践应当遵循自然区划原则，这就是自然区划原则与自然区划实践的辩证统一关系。

在长期的自然区划实践中，地理学家提出了自然区划三原则，它们是发生学原则、共轭性原则、综合性原则。其一，发生学原则。每一个自然区域都是在地域分异因素作用下形成的历史产物，具有自己的发生原因和发展过程，具有独特的发生机理和发展规律，因此在自然区划中必须运用历史的观点和古地理方法，去查明自然区域的统一性和差异性是怎么发生的，阐明自然区域的统一形成过程和自然景观的分化过程。其二，共轭性原则。每一个自然区域都是多种自然景观的命运共同体，在一个自然区域内可以观察到多种自然景观，这些不同的自然景观不仅具有共同的发生学特征，而且具有共同的物质循环、能量交换、信息传输体系。因此，在自然区划中必须运用辩证的观点和综合分析法，去查明自然区域内部的景观多样性和相关性，阐明自然区域内部景观多元融合发展的客观规律。其三，综合性原则。每一个自然区域都是各个自然要素长期相互影响、相互作用形成的命运共同体，也是地带性因素和非地带性因素共同作用下形成的自然综合体。综合性原则的核心理念：以自然综合体为对象来拟定区划单位系统，必须将地带性因素与非地带性因素、外生因素与内生因素、现代因素与历史因素结合起来。

自然地理区划方法是贯彻自然区划原则，实现自然区划目标的路径和手段。在长期的自然区划实践中，地理学家提出了自然区划的主要方法，它们是古地理学分析法、部门区划叠置法、主导标志分析法、地域聚类合成法。

其一，古地理学分析法。其思路是：在自然区划中，运用古地理学研究方法或成果，去查明地域分异的历史过程，去揭示自然区域的发生机理。运用古地理学分析法开展自然区划，主要有两条路径：一是实地考察古地理环境遗迹，二是借鉴历史地理研究成果。

其二，部门区划叠置法。其思路是：利用部门区划的成果，直接将各类部门区划图如气候区划图、地貌区划图、水文区划图、土壤区划图、生物区划图等相互叠置、对比分析、分区划界。运用部门区划叠置法开展自然区划，不是简单的图层叠加，而是要注重各类部门区划的综合研究。随着 GIS 技术进步，部门区划叠置法的应用前景越来越广泛。

其三，主导标志分析法。其思路是：自然区域是地带性因素和非地带性因素共同作用的产物，但是它们的作用性质、作用强度存在着时空差异，某些自然区域的发生主要受制于地带性因素，某些自然区域的发生主要受制于非地带性因素。划分自然区域时，可以选取某种能够反映地域分异主导因素的标志和指标，作为分区划界的客观依据。

其四，地域聚类合成法。其思路是：在土地类型制图或景观类型制图的基础上，自下而上逐级进行聚类分析，把具有共轭关系的土地单元或景观单元合并为一个自然区域。它包括四个工作环节：一是分元，即划分土地单元；二是分类，即对土地单元分类；三是归类，即生成土地类型图；四是合区，即依据土地类型共轭关系，生成自然区划图。随着 GIS 技术进步，地域聚类合成法的应用前景越来越广泛。

第二节　国土空间经济区划

一、国土空间人文景观区划概述

人文景观。人文景观是一个地区客观存在的各种自然要素和人类活动的总和。它是国土空间人类活动的空间足迹，是国土空间各个自然要素和人类活动长期相互作用、融合共生的历史产物。国土空间人文景观具有以下特征：其一，综合性。人文景观不是某一种人类活动的空间形态，它是该地区各个自然要素、各种人类活动长期相互作用、融合共生的空间共同体。其二，地域性。在不同的地区，人们可以观察到不同的人文景观，在沿海地区与内陆地区、发达地区与贫困地区、城市与乡村，存在着不同的人文景观，地理学家认为国土空间人文景观差异性是人类活动地域分工的产物。其三，动态性。人文景观是一个动态系统，一个地区的人文景观在不同的历史阶段会有所改变，地理学家认为这种改变具有一定的规律性，为编制国土空间规划或主体功能区规划提供了科学依据。其四，客观性。人文景观是一个地区客观存在的各种自然要素和人类活动的总和，它不是地理学家的主观构思，因此科学描述人文景观必然要求做好人文景观调查和人文景观评价。

人文区划。它是地理学家对人类活动空间格局的科学描述，指人文区的划分或合并。人文区划以人文景观地域分异规律为理论基础，按照人文景观的相似性和差异性，在一定的国土空间内逐级进行区域划分或合并，并将划分出来的人文区域按其空间从属关系和地域联系构建人文区域等级系统，表示在专题地图上，这种人文区域系统化方法就是人文区划。人文区划是人文地理学的一种独特的研究方法，它不仅要揭示各级各类人文区域的景观特征和空间关系，还要阐明各级各类人文区开发利用保护的方向和主要任务。深化人文区划研究不仅是发展现代人文地理学的重要任务，也是搞好国土空间开发格局设计的必然要求。

人文区划体系由于人文区划的研究对象不同，有的人文区划以人文景观为研究对象，有的人文区划以某种人类活动为研究对象，因此形成了两类人文区划，即综合人文区划和部门人文区划。综合人文区划以人文景观综合体为研究对象，它是依据人文景观综合体的景观特征或景观类型的相似性或差异性进行区域划分或合并，如行政区划、城市地理区划、乡村地理区划等。部门人文区划以某种人类活动为研究对象，它是依据某种人类活动的相似性或差异性进行区域划分或合并，如经济区划、交通区划、旅游区划、农业区划等。部门人文区划是综合人文区划的基础，综合人文区划是部门人文区划的合成。

人文区域系统人文区域是一个国土空间单元，每一个人文区域都是地表客观存在的人文景观综合体，它是该区域自然要素和人文要素如人口、经济、社会、文化、军事等长期相互影响、相互作用形成的地理耗散结构。每一个人文区域都具有存在客观性、空间唯一性、景观和谐性、发生统一性。人文区域是客观存在的，地理学家运用人文区域划原理和方法揭示了地表客观存在的人文区域，而不是主观妄为划定的人文区域。人文区系统是一个独特的镶嵌结构系统，它是由一系列尺度有大小、层次有高低、景观有差异的各级各类人文区域逐级镶嵌、有机合成的统一体。人文区域系统是客观反映地表人文区域镶嵌结构的地理模型，构建人文区域系统是人文区划的基本任务。

二、国土空间经济景观地域分异

经济景观是一个地区客观存在的各种生产要素和经济活动的总和。它是国土空间经济活动的空间足迹，是国土空间各个生产要素长期相互作用、融合共生的历史产物。国土空间经济景观具有以下特征：其一，综合性。经济景观不是某一个生产要素的空间形态，它是该地区各个生产要素、各种经济活动长期相互作用、融合共生的空间共同体。其二，地域性。在不同的地区，人们可以观察到不同的经济景观，在沿海地区与内陆地区、发达地区与贫困地区、城市与乡村，存在着不同的经济景观，地理学家认为国土空间经济景观差异性是劳动地域分工的产物。其三，动态性。经济景观是一个动态系统，一个地区的经济景观在不同的历史阶段会有所改变，地理学家认为这种改变具有一定的规律性，为编制国土空间规划或主体功能区规划提供了科学依据。其四，基础性。经济活动是一切人类活动的基础，经济景观是一切人文景观的基础，经济景观描述不仅是人文景观描述的基础，也是国土空间规划或主体功能区规划的基础。

经济景观地域分异机理。马克思劳动地域分工理论是阐释经济景观地域分异机理的科学理论，该理论以劳动分工为切入点，阐明了劳动自然分工、劳动社会分工、劳动地域分工的发生机理及相互联系。马克思认为：各种使用价值或商品的总和具有多样性，可以按照科、属、种分类，即存在劳动社会分工。单就劳动本身来说，可以把社会生产分为农业、工业等大类，叫作一般的分工；把这些生产大类分为种和亚种，叫作特殊的分工；把工场内部的分工，叫作个别的分工。马克思对产生社会分工的原因做了精辟论述：在家庭内部，随后在氏族内部，由于性别和年龄的差别，也就是在纯生理的基础上产生了一种劳动自然分工。随着共同体的扩大、人口的增长，特别是各氏族间的冲突，一个氏族征服了另一个氏族，这种分工的基础也扩大了。不同的共同体在各自的自然环境中，找到不同的生产资料和不同的生活资料，因此它们的生产方式、生活方式和产品，也就各不相同。这种自然的差别，在各个共同体互相接触时引起了产品互相交换，从而使这些产品转化为商品。商品交换使不同的生产领域发生联系，从而使它们转化为社会生产中互相依赖的生产部门。由此可见，劳动地域分工是指一些地区或国家专门生产某些商品，其他地区或国家专门生产另一些商品，各个地区或国家通过商品交换，满足社会对商品的需求，从而达到发挥地区或国家经济优势，提高经济效益的目的。劳动社会分工是由商品交换而产生的，劳动自然分工导致劳动社会分工，劳动社会分工推动劳动地域分工。劳动地域分工是劳动社会分工的一种形式，是劳动部门分工在空间上的表现。

所谓劳动地域分工就是社会分工的空间形态，其实质就是地区生产专门化过程。劳动地域分工有两种形式：一是绝对地域分工，即某个国家或地区不能生产某种产品，而由另一个国家或地区输入；二是相对地域分工，即某个国家或地区虽能生产某种产品，但生产成本较高，因而输入该种产品。马克思还提出，各个地区自然条件、经济社会条件、科学技术条件等存在差异，这是劳动地域分工的基础和前提，经济利益是劳动地域分工发展的动力，交通运输条件改善扩大了劳动地域分工的广度和深度。以上综述表明，劳动地域分工学说不断创新、持续发展，为经济区划提供了理论支撑。

三、国土空间经济区划科学原理

经济区划是地理学家对人类经济活动空间格局的科学描述，指国土空间经济单元的划分或合并。经济区划以劳动地域分工学说或生产要素地域分异规律为理论基础，按照经济景观的相似性和差异性，在一定的国土空间内逐级进行经济区域划分或合并，并将划分出来的经济区按其空间从属关系和地域联系构建经济区域等级系统，并表示在专题地图上，这种经济区系统化方法就是经济区划。经济区划是人文地理学的一种独特的研究方法，它不仅要揭示各级各类经济区的经济景观特征和空间关系，还要阐明各级各类经济区开发利用保护的方向和主要任务。深化经济区划研究不仅是发展现代人文地理学的重要任务，也是搞好国土空间开发格局设计的必然要求。

经济区划原则。其一，经济中心主导性原则。经济中心是国土空间经济要素的集结地、经济活动的峰值区、经济功能的辐射源。经济中心是市场经济发展的产物，商品生产和商品交换发展到一定程度必然形成经济中心。经济中心一经形成，就会对其周边地区的经济发展产生强烈的影响，周边地区的经济发展将加强经济中心的地位和作用，这个周边地区就称为经济腹地。经济区划必须重视发挥经济中心的主导作用，坚持经济中心与其经济腹地融合发展，这就是经济中心主导性原则。在国土空间规划中，经济区划的着力点就是要找准经济中心，经济中心一般是综合性大城市或大城市群，它具有强大的工业体系、交通体系、现代服务体系等多种职能，如北京、上海、广州、沈阳、武汉、重庆、西安等。经济区划的难点是划分经济腹地，地理学家根据距离衰减原理，经济中心引力与空间距离呈负相关，采用经济联系强度空间梯度来划分经济腹地。其二，区域优势持续性原则。区域经济优势是经济区实力、作用、地位的综合表现，一个经济区的实力强、作用大、地位高，那么它的优势就明显。区域经济优势是一种比较优势，它是在各个经济区域的竞争中形成的，没有比较，没有竞争，就没有区域经济优势。搞封锁，搞垄断，适得其反，不利于区域经济优势可持续发展。经济结构是区域经济优势的载体，优化经济结构是推动区域经济优势可持续发展的必然要求，科技创新是优化经济结构、促进产业升级的第一动力。在国土空间经济区划中，必须重视科技创新，优化经济结构，推动区域经济优势可持续发展。其三，资源环境和谐性原则。自然资源和生态环境是重要的生产要素，不同的地方，资源要素对经济区域的发展方向和发展路径具有重要影响。分布集中、储量巨大的自然资源是决定经济区在国土空间劳动地域分工中地位和作用的物质基础，多样的自然资源或有利的空间组合为建立地域经济综合体和产业体系创造了有利条件。在划分经济区的过程中，应充分考虑各地自然条件和自然资源的相关性和互补性，把相互联系和相互配合的自然资源划在一个经济区内有利于自然资源综合利用，有利于区域经济可持续发展。划分经济区域既不能忽视资源环境禀赋的影响，也不能夸大资源环境禀赋的作用，必须坚持人与自然和谐共生，走生态优先、绿色发展道路。任何地区的发展都是以合理开发利用保护自然资源和生态环境为前提，绝不能以牺牲资源环境为代价，这是经济区划必须遵循的原则。其四，发展远景一致性原则。经济区划的目的并非单纯认识区域经济发展现状，更重要的是预测未来，以便为编制国土空间规划、国民经济和社会发展规划、产业布局规划提供科学依据。因此，在经济区划中，首先要对区域经济发展条件、经济景观现状进行系统的调查、评价，并科学预测未来一段时期区域经济发展的主要方向，以及产业布局演变的前景。一般而言，经济区应按照经济规律统筹规划，制定经济区的发展战略、产业结构调整方向、产业布局总体方案，加强各地经济联系，建立统一市场，促进协同发展，推动区域经济一体化。对于同一经济区内的各个地区，要坚持"从全局谋划一域，以一域服务全局"，要结合当地的实际情况，以经济区发展规划为引领，服从经济区发展要求，确定各自在经济区内部的劳动地域分工，找准自己的位置。其五，行政区划协调性原则。在当代中国，经济区和行政区是两种不同性质的区域类型，经济区划和行政区划在区划目标、区划原则、区划方法、区划方案等方面都存在重大差异。行政区划是行政治理的重要手段，是一种公共产品。我国《行政区划管理条例》（国务院，2019 年）明确，行政区划的变更（包括行政区划的设立、撤销）、行政区划隶属关系的变更、行政区域界线的变更、人民政府驻地的迁移和行政区划名称的变更，都必须遵循该条例有关规定。行政区具有自己的行政治理体系，各级政府是行政区的事权主体和利益主体，对区域发展拥有决策权和利益诉求，推动经济高质量发展是各级政府的中心任务。因此，加强经济区划与行政区划的协调性，是经济区划必须遵循的原则。

经济区是在市场经济发展过程中客观形成的国土空间经济单元，它具有独特的经济景观或生产要素集聚形态。经济景观是国土空间单元内各种生产要素长期集聚、相互作用形成的区域经济综合体，亦称地域经济单元，不同的经济区具有不同的经济景观，经济区是由中心城市及其经济腹地组成的经济体系，拥有体现区域优势与区域特色相结合的产业结构，如长江经济带、成渝经济区、粤港澳大湾区等。

经济区构成要素。其一，经济中心。经济中心是国土空间经济要素的集结地、经济活动的峰值区、经济功能的辐射源。经济中心是市场经济发展的产物，商品生产和商品交换发展到一定程度必然形成经济中心。经济中心一般是综合性大城市或大城市群，它具有强大的工业体系、交通体系、现代服务体系等多种职能，如北京、上海、广州、沈阳、武汉、重庆、西安等。经济中心的规模大小、发展水平、功能优势，决定着经济区的发展水平、产业结构及其在全国劳动地域分工中的地位和作用，同时也决定了其经济腹地的经济景观。其二，经济联系。经济区的形成是以紧密的经济联系为前提，经济联系就是各种生产要素流通网络。一方面，经济区内组成区域经济的各个产业部门之间要建立起彼此有机联系、协同发展的产业体系；另一方面，组成经济区的各个空间子系统之间，在扬长避短、发挥优势的基础上，建立起横向联系的空间体系。其三，产业结构。每个经济区都具有自己的产业结构，不同的地区具有不同的产业结构，它是劳动地域分工的历史产物。产业结构是区域经济优势的载体，优化产业结构是推动区域经济优势可持续发展的必然要求，科技创新是优化产业结构、促进产业升级的第一动力。自然资源和生态环境是重要的生产要素，不同的地方，资源环境禀赋各不相同，优化产业结构必须坚持人与自然和谐共生的生态文明理念。其四，经济腹地。经济中心一经形成，就会对其周边地区的经济发展产生强烈的影响，周边地区的经济发展将加强经济中心的地位和作用，这个周边地区就称为经济腹地。地理学家根据距离衰减原理——经济中心引力与空间距离呈负相关，采用经济联系强度空间梯度来划分经济腹地。经济区划要科学处理经济中心与经济腹地的关系，既要避免小马拉大车，也要避免大马拉小车。

经济区形态分类。其一，经济类型区。按照国土空间各个地区某一类型经济景观的空间分异进行经济区划，所形成的经济区即为经济类型区。这类经济区具有经济景观区内一致性和区际差异性的特点，它是根据一定的经济景观分类指标体系，将经济景观特征类似的地区归为一类经济区。如按照资源经济景观分异，划分资源分布区与资源加工区；又如按照经济景观水平差异，划分发达地区与欠发达地区。经济类型区的地域范围可大可小，空间分布可连片可分散。有的经济类型区可覆盖全部国土空间，如我国按照经济发展水平，将全国国土空间划分为东、中、西三大经济地带；有的经济类型区只分布在局部国土空间，如国家高新技术开发区、国家自由贸易区等。其二，部门经济区。按照国民经济某一部门经济景观的空间分异进行经济区划，所形成的经济区即为部门经济区。国土空间各个地区的资源环境禀赋和经济社会发展水平存在差异，导致各个地区部门经济发展各有特色，形成部门经济景观地域分异。对于某个地区而言，可能有利于某些经济部门的发展，而不利于另一些经济部门的发展。或者说对于某个经济部门而言，它在某些地区可能发展得更好，而在另外的地区发展迟缓，这样就形成了不同的部门经济区。如我国按照经济活动属性，将国土空间划分为工业区、农业区、商业区等。划分部门经济区可以揭示各地区发展条件与发展要求之间的矛盾，使每个经济部门都尽可能在对它有利的地区发展，从而取得最佳经济效益，因此部门经济区的划分为国民经济各部门的合理布局提供了科学依据。其三，综合经济区。按照国民经济综合经济景观的空间分异进行经济区划，所形成的经济区即为综合经济区。综合经济区是相对完整的地域经济系统，是全国经济大系统的子系统，它具有较为完整的产业体系，在全国劳动地域分工中承担了重大使命。如按照全国经济发展战略，在全国国土空间规划中提出了建设京津冀、长三角、粤港澳大湾区、成渝经济区等综合经济区。综合经济区与部门经济区的主要区别在于，前者是对国民经济整体的空间划分，后者是对国民经济某一部门的空间划分。综合经济区与经济类型区的主要区别在于，经济类型区具有经济景观一致性，而综合经济区以经济景观差异性和互补性为前提、以经济联系为纽带。

第三节　国土空间主体功能区域规划

一、国土空间主体功能区域规划理念

（一）国土空间主体功能区域规划

国土空间主体功能区域规划就是在资源环境承载力评价和国土空间开发适宜性评价的

基础上，根据国土空间主体功能的相似性和差异性，将国土空间划分为四类主体功能区，即优化开发区、重点开发区、限制开发区、禁止开发区，提出各类主体功能区的开发保护方向、对策以及管制措施，并将研究成果表示在专题地图上。该区划中的优化开发、重点开发、限制开发、禁止开发中的"开发"，特指大规模高强度的工业化城镇化开发。限制开发，特指限制大规模高强度的工业化城镇化开发，并不是限制所有的开发活动。对限制开发区中的农产品主产区，要限制大规模高强度的工业化城镇化开发，但仍要鼓励农业开发；对限制开发区中的重点生态功能区，要限制大规模高强度的工业化城镇化开发，但仍允许一定程度的能源和矿产资源开发。将一些区域确定为限制开发区域，并不是限制发展，而是为了更好地保护这类区域的农产品生产力和生态产品生产力，实现科学发展。在工业化城镇化快速推进、空间结构急剧变动的时期，坚持科学的国土空间开发导向极为重要。为有效解决国土空间开发中的突出问题，应对未来诸多挑战，必须遵循经济社会发展规律和自然环境发展规律，立足我国国土空间的自然状况，明确国土空间开发的指导思想和原则，推进形成主体功能区。树立新的开发理念，调整开发内容，创新开发方式，规范开发秩序，提高开发效率，构建高效、协调、可持续的国土空间开发格局，建设中华民族美好家园。

（二）国土空间主体功能区域规划理念

其一，树立主体功能区域性理念。一定的国土空间具有多种功能，但必有一种主体功能。从提供产品的角度划分，或者以提供工业品和服务产品为主体功能，或者以提供农产品为主体功能，或者以提供生态产品为主体功能。在关系全局生态安全的区域，应把提供生态产品作为主体功能，把提供农产品和服务产品及工业品作为从属功能，否则，就可能损害生态产品的生产能力。比如，草原的主体功能是提供生态产品，若超载放牧，就会造成草原退化沙化。在农业发展条件较好的区域，应把提供农产品作为主体功能，否则，大量占用耕地就可能损害农产品的生产能力。因此，必须区分不同国土空间的主体功能，根据主体功能定位确定开发的主体内容和发展的主要任务。其二，树立国土开发适宜性理念。不同的国土空间，自然状况不同。海拔很高、地形复杂、气候恶劣以及其他生态脆弱或生态功能重要的区域，并不适宜大规模高强度的工业化城镇化开发，有的区域甚至不适宜高强度的农牧业开发，否则将对生态系统造成破坏，对提供生态产品的能力造成损害。因此，必须尊重自然、顺应自然，根据不同国土空间的自然属性确定不同的开发内容。其三，树立资源环境承载力理念。不同国土空间的主体功能不同，因而集聚人口和经济的规模不同。生态功能区和农产品主产区由于不适宜或不应该进行大规模高强度的工业化城镇化开发，因而难以承载较多消费人口。在工业化城镇化的过程中，必然会有一部分人口主动转移到就业机会多的城市化地区。同时，人口和经济的过度集聚以及不合理的产业结构也会给资源环境、交通等带来难以承受的压力。因此，必须根据资源环境中的"短板"因素确定可承载的人口规模、经济规模以及适宜的产业结构。其四，树立开发强度控制性理念。我国不适宜工业化城镇化开发的国土空间占很大比重。平原及其他自然条件较好的国土空间尽管适宜工业化城镇化开发，但这类国土空间更加适宜发展农业，为保障农产品供给安全，不能过度占用耕地以推进工业化城镇化。由此决定了我国可用来推进工业化城镇化的国土空间并不宽裕。即使是城市化地区，也要保持必要的耕地和绿色生态空间，在一定程度上满足当地人口对农产品和生态产品的需求。因此，各类主体功能区都要有节制地开发，保持适当的开发强度。其五，树立空间结构优化度理念。空间结构是城市空间、农业空间和生态空间等不同类型空间在国土空间开发中的反映，是经济结构和社会结构的空间载体。空间结构的变化在一定程度上决定着经济发展方式及资源配置效率。从总量上看，目前我国的城市建成区、建制镇建成区、独立工矿区、农村居民点和各类开发区的总面积已经相当大，但空间结构不合理，空间利用效率不高。因此，必须把调整空间结构纳入经济结构调整的内涵中，把国土空间开发的着力点从占用土地为主转到调整和优化空间结构、提高空间利用效率上来。其六，树立生态产品的需求性理念。人类需求既包括对农产品、工业品和服务产品的需求，也包括对清新空气、清洁水源、宜人气候等生态产品的需求。从需求角度，这些自然要素在某种意义上也具有产品的性质。保护和增强自然界提供生态产品能力的过程也是创造价值的过程，保护生态环境、提供生态产品的活动也是发展。总体上看，我国提供工业品的能力迅速增强，提供生态产品的能力却在减弱，而随着人民生活水平的提高，人们对生态产品的需求在不断增强。因此，必须把提供生态产品作为发展的重要内容，把增强生态产品生产能力作为国土空间开发的重要任务。

二、国土空间主体功能区域规划准则

（一）优化结构

要将国土空间开发从占用土地的外延扩张为主，转向调整优化空间结构为主。其一，按照生产发展、生活富裕、生态良好的要求调整空间结构。保证生活空间，扩大绿色生态空间，保持农业生产空间，适度压缩工矿建设空间。其二，严格控制城市空间总面积的扩张，减少工矿建设空间。在城市建设空间中，主要扩大城市居住、公共设施和绿地等空间，严格控制并压缩工业空间。在工矿建设空间中，压缩并修复采掘业空间。其三，坚持最严格的耕地保护制度。稳定全国耕地总面积，确保基本农田总量不减少、用途不改变、质量有提高。坚守18亿亩耕地"红线"，对耕地按限制开发要求进行管理，对基本农田按禁止开发要求进行管理。其四，严格控制各类建设占用耕地。各类开发建设活动都要严格贯彻尽量不占或少占耕地的原则，确须占用耕地的，要在依法报批用地前，补充数量相等、质量相同的耕地。其五，实行基本草原保护制度。禁止开垦草原，实行禁牧休牧划区轮牧，稳定草原面积，在有条件的地区建设人工草地。其六，增加农村公共设施空间。按照农村人口向城市转移的规模和速度，逐步适度减少农村生活空间，将闲置的农村居民点等复垦整理成农业生产空间或绿色生态空间。其七，适度扩大交通设施空间。重点扩大城市群内的轨道交通空间，对扩大公路建设空间要严格把关。其八，调整城市空间的区域分布。适度扩大优化开发区域的城市建设空间，从严控制工矿建设空间和各类开发区扩大面积。扩大重点开发区域的城市建设空间，适度扩大先进制造业和服务业空间。严格控制限制开发区域城市建设空间和工矿建设空间，从严控制开发区总面积。

（二）保护自然

要按照建设环境友好型社会的要求，根据国土空间的不同特点，以保护自然生态为前提，以水土资源承载能力和环境容量为基础，进行有度有序开发，走人与自然和谐的发展道路。一是把保护水面、湿地、林地和草地放到与保护耕地同等重要位置。二是工业化城镇化开发必须建立在对所在区域资源环境承载能力综合评价的基础上，严格控制在水资源承载能力和环境容量允许的范围内。编制区域规划等应事先进行资源环境承载能力综合评价，并把保持一定比例的绿色生态空间作为规划的主要内容。三是在水资源严重短缺、生态脆弱、生态系统重要、环境容量小、地震和地质灾害等自然灾害危险性大的地区，要严格控制工业化城镇化开发，适度控制其他开发活动，缓解开发活动对自然生态的压力。四是严禁各类破坏生态环境的开发活动。能源和矿产资源开发，要尽可能不损害生态环境并应最大限度地修复原有生态环境。五是加强对河流原始生态的保护。实现从事后治理向事前保护转变，实行严格的水资源管理制度，明确水资源开发利用、水功能区限制纳污及用水效率控制指标。在保护河流生态的基础上有序开发水能资源。严格控制地下水超采，加强对超采的治理和对地下水源的涵养与保护。加强水土流失综合治理及预防监督。六是交通、输电等基础设施建设要尽量避免对重要自然景观和生态系统的分割，从严控制穿越禁止开发区域。七是农业开发要充分考虑对自然生态系统的影响，积极发挥农业的生态、景观和间隔功能。严禁有损自然生态系统的开荒以及侵占水面、湿地、林地、草地等农业开发活动。八是在确保省域内耕地和基本农田面积不减少的前提下，继续在适宜的地区实行退耕还林、退牧还草、退田还湖。在农业用水严重超出区域水资源承载能力的地区实行退耕还水。九是生态遭到破坏的地区要尽快偿还生态欠账。生态修复行为要有利于构建生态廊道和生态网络。十是保护天然草地、沼泽地、苇地、滩涂、冻土、冰川及永久积雪等自然空间。

（三）集约开发

要按照建设资源节约型社会的要求，把提高空间利用效率作为国土空间开发的重要任务，引导人口相对集中分布、经济相对集中布局，走空间集约利用的发展道路。一是严格控制开发强度，把握开发时序，使绝大部分国土空间成为保障生态安全和农产品供给安全的空间。二是资源环境承载能力较强、人口密度较高的城市化地区，要把城市群作为推进城镇化的主体形态。其他城市化地区要依托现有城市集中布局、据点式开发，建设好县城和有发展潜力的小城镇，严格控制乡镇建设用地扩张。三是各类开发活动都要充分利用现有建设空间，尽可能利用闲置地、空闲地和废弃地。四是工业项目建设要按照发展循环经济和有利于污染集中治理的原则集中布局。以工业开发为主的开发区要提高建筑密度和容积率，国家级、省级经济技术开发区要率先提高空间利用效率。各类开发区在空间得到充分利用之前，不得扩大面积。五是交通建设要尽可能利用现有基础扩能改造，必须新建的也要尽可能利用既有交通走廊。跨江（河、湖、海）的公路、铁路应尽可能共用桥位。

（四）协调开发

要按照人口、经济、资源环境相协调以及统筹城乡发展、统筹区域发展的要求进行开发，促进人口、经济、资源环境的空间均衡。一是按照人口与经济相协调的要求进行开发。优化开发和重点开发区域在集聚经济的同时要集聚相应规模的人口，引导限制开发和禁止开发区域人口有序转移到重点开发区域。二是按照人口与土地相协调的要求进行开发。城市化地区和各城市在扩大城市建设空间的同时，要增加相应规模的人口，提高建成区人口密度。农产品主产区和重点生态功能区在减少人口规模的同时，要相应减少人口占地的规模。三是按照人口与水资源相协调的要求进行开发。确定城市化地区和各城市集聚的人口和经济规模以及产业结构，要充分考虑水资源的承载能力。四是按照大区域相对均衡的要求进行开发。在优化提升东部地区城市群的同时，在中西部地区资源环境承载能力较强的区域，培育形成若干人口和经济密集的城市群，通过推进城镇化带动中西部地区发展。五是按照统筹城乡的要求进行开发。城市建设必须为农村人口进入城市预留生活空间，有条件的地区要将城市基础设施和公共服务设施延伸到农村居民点。六是按照统筹上下游的要求进行开发。大江大河上游地区的各类开发要充分考虑对下游地区的影响。下游地区要积极吸纳上游地区人口，上解财政收入，帮助上游地区修复生态环境和实现脱贫。七是按照统筹地上地下的要求进行开发。各类开发活动都要充分考虑水文地质、工程地质和环境地质等地下要素，充分考虑地下矿产的赋存规律和特点。在条件允许的情况下，城市建设和交通基础设施建设应积极利用地下空间。八是交通基础设施的建设规模、布局、密度等，要与各主体功能区的人口、经济规模和产业结构相协调，宜密则密，宜疏则疏。加强综合运输体系建设，提高铁路、公路、水运、空运等多种运输方式之间的中转和衔接能力。

（五）陆海统筹

要根据陆地国土空间与海洋国土空间的统一性，以及海洋系统的相对独立性进行开发，促进陆地国土空间与海洋国土空间协调开发。一是海洋主体功能区的划分要充分考虑维护我国海洋权益、海洋资源环境承载能力、海洋开发内容及开发现状，并与陆地国土空间的主体功能区相协调。二是沿海地区集聚人口和经济的规模要与海洋环境承载能力相适应，统筹考虑海洋环境保护与陆源污染防治。三是严格保护海岸线资源，合理划分海岸线功能，做到分段明确、相对集中、互不干扰。港口建设和涉海工业要集约利用岸线资源和近岸海域。四是各类开发活动都要以保护好海洋自然生态为前提，尽可能避免改变海域的自然属性。控制围填海造地规模，统筹海岛保护、开发与建设。五是保护河口湿地，合理开发利用沿海滩涂，保护和恢复红树林、珊瑚礁、海草床等，修复受损的海洋生态系统。

三、国土空间主体功能区域规划目标

到《全国主体功能区规划》目标年，全国主体功能区布局基本形成之时，我们的家园将呈现生产空间集约高效，生活空间舒适宜居，生态空间山清水碧，人口、经济、资源环境相协调的美好情景。一是经济布局更趋集中均衡。工业化城镇化将在适宜开发的一部分国土空间集中展开，产业集聚布局，人口集中居住，城镇密集分布。在继续提升现有特大城市群整体功能和国际竞争力基础上，在其他适宜开发的区域，培育若干新的大城市群和区域性城市群，形成多元、多极、网络化的城市化格局，使经济增长的空间由东向西、由南向北拓展，人口和经济在国土空间的分布更趋集中均衡。二是城乡区域发展更趋协调。农村人口将继续向城市有序转移，所腾出的闲置生活空间将得到复垦还耕还林还草还水，农村劳动力人均耕地将增加，农业经营的规模化水平、农业劳动生产率和农民人均收入大幅提高，城市化地区反哺农业地区的能力增强，城乡差距逐步缩小。人口更多地生活在更适宜居住的地方，农产品主产区和重点生态功能区的人口向城市化地区逐步转移，城市化地区在集聚经济的同时集聚相应规模的人口，区域间人均生产总值及人均收入的差距逐步缩小。适应主体功能区要求的财政体制逐步完善，公共财政支出规模与公共服务覆盖的人口规模更加匹配，城乡区域间公共服务和生活条件的差距缩小。三是资源利用更趋集约高效。大部分人口的就业和居住以及经济集聚于大城市群地区和城市化地区，基础设施共享水平显著提高；节能型的轨道交通成为大城市群的主要客运方式并间接降低私人轿车的使用频率；大城市群内将形成相对完整的产业体系，市场指向型产品的运距缩短，物流成本降低；低碳技术和循环经济得到广泛推广，资源节约型和环境友好型社会初步形成。四是环境污染防治更趋有效。一定的空间单元集聚的人口规模和经济规模控制在环境容量允许的范围之内，先污染、后治理的模式得以扭转。随着主体功能定位的逐步落实，绝大部分国土空间成为农业空间和生态空间，不符合主体功能定位的开发活动大幅减少，工业和生活污染排放得到有效控制。相对于小规模、分散式布局，经济的集中布局和人口的集中居住将大大有利于污染治理水平的提高。五是生态系统更趋稳定。重点生态功能区承载人口、创造税收以及工业化的压力大幅减轻，而涵养水源、防沙固沙、保持水土、维护生物多样性、保护自然资源等生态功能大幅提升，森林、水系、草原、湿地、荒漠、农田等生态系统的稳定性增强，近海海域生态环境得到改善。城市化地区的开发强度得到有效控制，绿色生态空间保持合理规模。农产品主产区开发强度得到控制，生态效能大幅提升。六是国土空间管理更趋精细科学。明确的主体功能定位，为涉及国土空间开发的各项政策提供了统一的政策平台，区域调控的针对性、有效性和公平性将大大增强；为各级各类规划的衔接协调提供了基础性的规划平台，各级各类规划间的一致性、整体性以及规划实施的权威性、有效性将大大增强；为国土空间及其相关经济社会事务的管理提供了统一的管理平台，政府管理的科学性、规范性和制度化水平将大大增强；为实行各有侧重的绩效评价和政绩考核提供了基础性评价平台，绩效评价和政绩考核的客观性、公正性将大大增强。

四、国土空间主体功能区域空间格局

（一）空间开发战略格局

从建设富强民主文明和谐的社会主义现代化国家、确保中华民族永续发展出发，推进形成主体功能区要着力构建我国国土空间的"三大空间格局"。其一，构建"两横三纵"为主体的城市化空间格局。构建以陆桥通道、沿长江通道为两条横轴，以沿海、京哈京广、包昆通道为三条纵轴，以国家优化开发和重点开发的城市化地区为主要支撑，以轴线上其他城市化地区为重要组成的城市化空间格局。推进环渤海、长江三角洲、珠江三角洲地区的优化开发，形成三个特大城市群；推进哈长、江淮、海峡西岸、中原、长江中游、北部湾、成渝、关中-天水等地区的重点开发，形成若干新的大城市群和区域性的城市群。其二，构建以"七区二十三带"为主体的农业发展空间格局。构建以东北平原、黄淮海平原、长江流域、汾渭平原、河套灌区、华南和甘肃、新疆等农产品主产区为主体，以基本农田为基础，以其他农业地区为重要组成的农业战略格局。东北平原农产品主产区，要建设优质水稻、专用玉米、大豆和畜产品产业带；黄淮海平原农产品主产区，要建设优质专用小麦、优质棉花、专用玉米、大豆和畜产品产业带；长江流域农产品主产区，要建设优质水稻、优质专用小麦、优质棉花、油菜、畜产品和水产品产业带；汾渭平原农产品主产区，要建设优质专用小麦和专用玉米产业带；河套灌区农产品主产区，要建设优质专用小麦产业带；华南农产品主产区，要建设优质水稻、甘蔗和水产品产业带；甘肃、新疆农产品主产区，要构建以"两屏三带"为主体的生态安全战略格局，要建设优质专用小麦和优质棉花产业带。其三，构建以青藏高原生态屏障、黄土高原 - 川滇生态屏障、东北森林带、北方防沙带和南方丘陵山地带以及大江大河重要水系为骨架，以其他国家重点生态功能区为重要支撑，以点状分布的国家禁止开发区域为重要组成的生态安全战略格局。青藏高原生态屏障，要重点保护好多样、独特的生态系统，发挥涵养大江大河水源和调节气候的作用；黄土高原 - 川滇生态屏障，要重点加强水土流失防治和天然植被保护，发挥保障长江、黄河中下游地区生态安全的作用；东北森林带，要重点保护好森林资源和生物多样性，发挥东北平原生态安全屏障的作用；北方防沙带，要重点加强防护林建设、草原保护和防风固沙，对暂不具备治理条件的沙化土地实行封禁保护，发挥"三北"地区生态安全屏障的作用；南方丘陵山地带，要重点加强植被修复和水土流失防治，发挥华南和西南地区生态安全屏障的作用。

（二）空间开发优势区域

根据不同国土空间开发轴带的基础条件和连接区域的经济社会发展水平，明确各个轴带上集聚区的战略定位与发展重点，加强轴带上集聚区之间的经济联系和分工协作，促进人口和产业集聚，提升轴带集聚效益。

重点培育东西向开发轴带，促进国土开发重点由沿海向内陆地区纵深推进，加快缩小地区差距。加快自贸试验区和口岸地区建设，形成"一带一路"建设的重要节点。到 2030 年，城市化战略格局进一步完善，重要轴带开发集聚能力大幅提升，多中心网络型国土空间开发新格局基本形成。推动京津冀、长三角、粤港澳大湾区等优化开发区域的协同发展，以优化人口分布、产业结构、城镇布局等为重点，转变国土空间开发利用方式，促进城镇集约紧凑发展，提高国土开发效率，广泛深入参与国际合作与竞争。加速提升长江中游地区和成渝等重点开发区域的集聚发展水平和辐射带动能力，加大承接产业转移力度，适度扩大城市容量，密切城市群之间的联系，充分发挥对中部地区崛起和西部大开发战略实施的引领带动作用。加大哈长地区、辽中南地区、冀中南地区、山东半岛地区、东陇海地区、海峡西岸地区、北部湾地区、山西中部城市群、中原地区、江淮地区、黔中地区、滇中地区、呼包鄂榆地区、宁夏沿黄地区、关中 - 天水地区、兰州 - 西宁地区、天山北坡地区、藏中南地区等区域的建设力度，加强基础设施建设和环境保护，积极推进新型工业化，提高人口和产业集聚能力，建成具有重要影响力的区域性经济中心，带动周边地区加快发展。

五、国土空间主体功能区域分类治理

（一）国家主体功能区域分类方案

根据以上开发定义和开发理念，本方案将我国国土空间分为以下主体功能区：按开发方式，分为优化开发区域、重点开发区域、限制开发区域和禁止开发区域；按开发内容，分为城市化地区、农产品主产区和重点生态功能区。此外，按治理层级还可分为国家和省级两个层面。

优化开发区域、重点开发区域、限制开发区域和禁止开发区域，是基于不同区域的资源环境承载能力、现有开发强度和未来发展潜力，以是否适宜或如何进行大规模高强度工业化城镇化开发为基准划分的。

优化开发区域是经济比较发达、人口比较密集、开发强度较高、资源环境问题更加突出，从而应该优化进行工业化城镇化开发的城市化地区。

重点开发区域是有一定经济基础、资源环境承载能力较强、发展潜力较大、集聚人口和经济的条件较好，从而应该重点进行工业化城镇化开发的城市化地区。优化开发和重点开发区域都属于城市化地区，开发内容总体上相同，开发强度和开发方式不同。

限制开发区域分为两类：一类是农产品主产区，即耕地较多、农业发展条件较好，尽管也适宜工业化城镇化开发，但从保障国家农产品安全以及中华民族永续发展的需要出发，必须把增强农业综合生产能力作为发展的首要任务，从而应该限制进行大规模高强度工业化城镇化开发的地区；另一类是重点生态功能区，即生态系统脆弱或生态功能重要，资源环境承载能力较低，不具备大规模高强度工业化城镇化开发的条件，必须把增强生态产品生产能力作为首要任务，从而应该限制进行大规模高强度工业化城镇化开发的地区。

禁止开发区域是依法设立的各级各类自然文化资源保护区域，以及其他禁止进行工业化城镇化开发、需要特殊保护的重点生态功能区。国家层面禁止开发区域，包括国家级自然保护区、世界文化自然遗产、国家级风景名胜区、国家森林公园和国家地质公园。省级层面的禁止开发区域，包括省级及以下各级各类自然文化资源保护区域、重要水源地以及其他省级人民政府根据需要确定的禁止开发区域。

城市化地区、农产品主产区和重点生态功能区，是以提供主体产品的类型为基准划分的。城市化地区是以提供工业品和服务产品为主体功能的地区，也提供农产品和生态产品；农产品主产区是以提供农产品为主体功能的地区，也提供生态产品、服务产品和部分工业品；重点生态功能区是以提供生态产品为主体功能的地区，也提供一定的农产品、服务产品和工业品。

各类主体功能区域，在全国经济社会发展中具有同等重要的地位，只是主体功能不同、开发方式不同、保护内容不同、发展首要任务不同、国家支持重点不同。对城市化地区主要支持其集聚人口和经济，对农产品主产区主要支持其增强农业综合生产能力，对重点生态功能区主要支持其保护和修复生态环境。

（二）国家优化开发区域治理

1. 国家优化开发区

优化进行工业化城镇化开发的城市化地区。国家优化开发区域是指具备以下条件的城市化地区：综合实力较强，能够体现国家竞争力；经济规模较大，能支撑并带动全国经济发展；城镇体系比较健全，有条件形成具有全球影响力的特大城市群；内在经济联系紧密，区域一体化基础较好；科学技术创新实力较强，能引领并带动全国自主创新和结构升级。国家优化开发区域的功能定位是：提升国家竞争力的重要区域，带动全国经济社会发展的龙头，全国重要的创新区域，我国在更高层次上参与国际分工及有全球影响力的经济区，全国重要的人口和经济密集区。国家优化开发区域应率先加快转变经济发展方式，调整优化经济结构，提升参与全球分工与竞争的层次。其一，环渤海地区。该区域位于全国"两横三纵"城市化战略格局中沿海通道纵轴和京哈京广通道纵轴的交会处，包括京津冀、辽中南和山东半岛地区。该区域的功能定位是：北方地区对外开放的门户，我国参与经济全球化的主体区域，有全球影响力的先进制造业基地和现代服务业基地，全国科技创新与技术研发基地，全国经济发展的重要引擎，辐射带动"三北"地区发展的龙头，我国人口集聚最多、创新能力最强、综合实力最强的三大区域之一。其二，长三角地区。该区域位于全国"两横三纵"城市化战略格局中沿海通道纵轴和沿长江通道横轴的交会处，包括上海市和江苏省、浙江省的部分地区。该区域的功能定位是：长江流域对外开放的门户，我国参与经济全球化的主体区域，有全球影响力的先进制造业基地和现代服务业基地，世界级大城市群，全国科技创新与技术研发基地，全国经济发展的重要引擎，辐射带动长江流域发展的龙头，我国人口集聚最多、创新能力最强、综合实力最强的三大区域之一。其三，粤港澳大湾区。该区域位于全国"两横三纵"城市化战略格局中沿海通道纵轴和京哈京广通道纵轴的南端，包括广东省中部和南部的部分地区。该区域的功能定位是：通过粤港澳的经济融合和经济一体化发展，共同构建有全球影响力的先进制造业基地和现代服务业基地，南方地区对外开放的门户，我国参与经济全球化的主体区域，全国科技创新与技术研发基地，全国经济发展的重要引擎，辐射带动华南、中南和西南地区发展的龙头，我国人口集聚最多、创新能力最强、综合实力最强的三大区域之一。

2. 国家优化开发区发展方向

一是优化空间结构。减少工矿建设空间和农村生活空间，适当扩大服务业、交通、城市居住、公共设施空间，扩大绿色生态空间。控制城市蔓延扩张、工业遍地开花和开发区过度分散。二是优化城镇布局。进一步健全城镇体系，促进城市集约紧凑发展，围绕区域中心城市明确各城市的功能定位和产业分工，推进城市间的功能互补和经济联系，提高区域的整体竞争力。三是优化人口分布。合理控制特大城市主城区的人口规模，增强周边地区和其他城市吸纳外来人口的能力，引导人口均衡、集聚分布。四是优化产业结构。推动产业结构向高端、高效、高附加值转变，增强高新技术产业、现代服务业、先进制造业对经济增长的带动作用。发展都市型农业、节水农业和绿色有机农业，积极发展节能、节地、环保的先进制造业，大力发展拥有自主知识产权的高新技术产业，加快发展现代服务业，尽快形成服务经济为主的产业结构。积极发展科技含量和附加值高的海洋产业。五是优化发展方式。率先实现经济发展方式的根本性转变。研究与试验发展经费支出占地区生产总值比重明显高于全国平均水平。大力提高清洁能源比重，壮大循环经济规模，广泛应用低碳技术，大幅度降低二氧化碳排放强度，能源和水资源消耗以及污染物排放等标准达到或接近国际先进水平，全部实现垃圾无害化处理和污水达标排放。加强区域环境监管，建立健全区域污染联防联治机制。六是优化基础设施布局。优化交通、能源、水利、通信、环保、防灾等基础设施的布局和建设，提高基础设施的区域一体化和同城化程度。七是优化生态系统格局。把恢复生态、保护环境作为必须实现的约束性目标。严格控制开发强度，加大生态环境保护投入，加强环境治理和生态修复，净化水系、提高水质，切实严格保护耕地以及水面、湿地、林地、草地和文化自然遗产，保护好城市之间的绿色开敞空间，改善人居环境。

（三）国家重点开发区域治理

1. 国家重点开发区

重点进行工业化城镇化开发的城市化地区。国家重点开发区域是指具备以下条件的城市化地区：具备较强的经济基础，具有一定的科技创新能力和较好的发展潜力；城镇体系初步形成，具备经济一体化的条件，中心城市有一定的辐射带动能力，有可能发展成为新的大城市群或区域性城市群；能够带动周边地区发展，且对促进全国区域协调发展意义重大。一是冀中南地区。该区域位于全国"两横三纵"城市化战略格局中京哈京广通道纵轴的中部，包括河北省中南部以石家庄为中心的部分地区。二是太原城市群。该区域位于全国"两横三纵"城市化战略格局中京哈京广通道纵轴的中部，包括山西省中部以太原为中心的部分地区。三是呼包鄂榆地区。该区域位于全国"两横三纵"城市化战略格局中包昆通道纵轴的北端，包括内蒙古自治区呼和浩特、包头、鄂尔多斯和陕西省榆林的部分地区。四是哈长地区。该区域位于全国"两横三纵"城市化战略格局中京哈京广通道纵轴的北端，包括黑龙江省的哈大齐（哈尔滨、大庆、齐齐哈尔）工业走廊和牡绥（牡丹江、绥芬河）地区以及吉林省的长吉图经济区。五是东陇海地区。该区域位于全国"两横三纵"城市化战略格局中陆桥通道横轴的东端，是陆桥通道与沿海通道的交会处，包括江苏省东北部和山东省东南部的部分地区。六是江淮地区。该区域位于全国"两横三纵"城市化战略格局中沿长江通道横轴，包括安徽省合肥及沿江的部分地区。七是海峡西岸经济区。该区域位于全国"两横三纵"城市化战略格局中沿海通道纵轴南段，包括福建省、浙江省南部和广东省东部的沿海部分地区。八是中原经济区。该区域位于全国"两横三纵"城市化战略格局中陆桥通道横轴和京哈京广通道纵轴的交会处，包括河南省以郑州为中心的中原城市群部分地区。九是长江中游地区。该区域位于全国"两横三纵"城市化战略格局中沿长江通道横轴和京哈京广通道纵轴的交会处，包括湖北武汉城市圈、湖南环长株潭城市群、江西鄱阳湖生态经济区。十是北部湾地区。该区域位于全国"两横三纵"城市化战略格局中沿海通道纵轴的南端，包括广西壮族自治区北部湾经济区，以及广东省西南部和海南省西北部等环北部湾的部分地区。十一是成渝地区。该区域位于全国"两横三纵"城市化空间格局中沿长江通道横轴和包昆通道纵轴的交会处，包括重庆经济区和成都经济区。十二是黔中地区。该区域位于全国"两横三纵"城市化战略格局中包昆通道纵轴的南部，包括贵州省中部以贵阳为中心的部分地区。十三是滇中地区。该区域位于全国"两横三纵"城市化战略格局中包昆通道纵轴的南端，包括云南省中部以昆明为中心的部分地区。十四是藏中南地区。该区域包括西藏自治区中南部以拉萨为中心的部分地区。该区域的功能定位是：全国重要的农林畜产品生产加工、藏药产业、旅游、文化和矿产资源基地，水电后备基地。十五是关中-天水地区。该区域位于全国"两横三纵"城市化战略格局中陆桥通道横轴和包昆通道纵轴的交会处，包括陕西省中部以西安为中心的部分地区和甘肃省天水的部分地区。十六是兰州-西宁地区。该区域位于全国"两横三纵"城市化战略格局中陆桥通道横轴上，包括甘肃省以兰州为中心的部分地区和青海省以西宁为中心的部分地区。十七是宁夏沿黄经济区。该区域位于全国"两横三纵"城市化战略格局中包昆通道纵轴的北部，包括宁夏回族自治区以银川为中心的黄河沿岸部分地区。十八是天山北坡地区。该区域位于全国"两横三纵"城市化战略格局中陆桥通道横轴的西端，包括新疆天山以北、准噶尔盆地南缘的带状区域，以及伊犁河谷的部分地区[含新疆生产建设兵团部分师(市)和团(场)]。

2.国家重点开发区发展方向

国家重点开发区的功能定位是：支撑全国经济增长的重要增长极，落实区域发展总体战略、促进区域协调发展的重要支撑点，全国重要的人口和经济密集区。重点开发区域应在优化结构、提高效益、降低消耗、保护环境的基础上推动经济可持续发展；推进新型工业化进程，提高自主创新能力，聚集创新要素，增强产业集聚能力，积极承接国际及国内优化开发区域产业转移，形成分工协作的现代产业体系；加快推进城镇化，壮大城市综合实力，改善人居环境，提高集聚人口的能力；发挥区位优势，加快沿边地区对外开放，加强国际通道和口岸建设，形成我国对外开放新的窗口和战略空间。发展方向包括以下几方面：一是统筹规划国土空间。适度扩大先进制造业空间，扩大服务业、交通和城市居住等建设空间，减少农村生活空间，扩大绿色生态空间。二是健全城市规模结构。扩大城市规模，尽快形成辐射带动力强的中心城市，发展壮大其他城市，推动形成分工协作、优势互补、集约高效的城市群。三是促进人口加快集聚。完善城市基础设施和公共服务，进一步提高城市的人口承载能力，城市规划和建设应预留吸纳外来人口的空间。四是形成现代产业体系。增强农业发展能力，加强优质粮食生产基地建设，稳定粮食生产能力。发展新兴产业，运用高新技术改造传统产业，全面加快发展服务业，增强产业配套能力，促进产业集群发展。合理开发并有效保护能源和矿产资源，将资源优势转化为经济优势。五是提高发展质量。确保发展质量和效益，工业园区和开发区的规划建设应遵循循环经济的理念，大力提高清洁生产水平，减少主要污染物排放，降低资源消耗和二氧化碳排放强度。六是完善基础设施。统筹规划建设交通、能源、水利、通信、环保、防灾等基础设施，构建完善、高效、区域一体、城乡统筹的基础设施网络。七是保护生态环境。事先做好生态环境、基本农田等保护规划，减少工业化城镇化对生态环境的影响，避免出现土地过多占用、水资源过度开发和生态环境压力过大等问题，努力提高环境质量。八是把握开发时序。区分近期、中期和远期实施有序开发，近期重点建设好国家批准的各类开发区，对目前尚不需要开发的区域，应作为预留发展空间予以保护。

（四）国家限制开发区域（农产品主产区）治理

1. 国家限制开发区（农产品主产区）

限制进行大规模高强度工业化城镇化开发的农产品主产区。国家层面限制开发的农产品主产区是指具备较好的农业生产条件，以提供农产品为主体功能，以提供生态产品、服务产品和工业品为其他功能，需要在国土空间开发中限制进行大规模高强度工业化城镇化开发，以保持并提高农产品生产能力的区域。

2. 国家限制开发区（农产品主产区）发展方向

国家层面农产品主产区的功能定位是：保障农产品供给安全的重要区域，农村居民安居乐业的美好家园，社会主义新农村建设的示范区。农产品主产区应着力保护耕地，稳定粮食生产，发展现代农业，增强农业综合生产能力，增加农民收入，加快建设社会主义新农村，保障农产品供给，确保国家粮食安全和食物安全。发展方向和开发原则包括以下几点：一是加强土地整治，搞好规划、统筹安排、连片推进，加快中低产田改造，推进连片标准粮田建设。鼓励农民开展土壤改良。二是加强水利设施建设，加快大中型灌区、排灌泵站配套改造以及水源工程建设。鼓励和支持农民开展小型农田水利设施建设、小流域综合治理。建设节水农业，推广节水灌溉，发展旱作农业。三是优化农业生产布局和品种结构，搞好农业布局规划，科学确定不同区域农业发展重点，形成优势突出和特色鲜明的产业带。四是国家支持农产品主产区加强农产品加工、流通、储运设施建设，引导农产品加工、流通、储运企业向主产区聚集。五是粮食主产区要进一步提高生产能力，主销区和产销平衡区要稳定粮食自给水平。根据粮食产销格局变化，加大对粮食主产区的扶持力度，集中力量建设一批基础条件好、生产水平高、调出量大的粮食生产核心区。在保护生态前提下，开发资源有优势、增产有潜力的粮食生产后备区。六是大力发展油料生产，鼓励发挥优势，发展棉花、糖料生产，着力提高品质和单产。转变养殖业发展方式，推进规模化和标准化，促进畜牧和水产品的稳定增产。七是在复合产业带内，要处理好多种农产品协调发展的关系，根据不同产品的特点和相互影响，合理确定发展方向和发展途径。八是控制农产品主产区开发强度，优化开发方式，发展循环农业，促进农业资源的永续利用。鼓励和支持农产品、畜产品、水产品加工副产物的综合利用。加强农业面源污染防治。九是加强农业基础设施建设，改善农业生产条件。加快农业科技进步和创新，提高农业物质技术装备水平。强化农业防灾减灾能力建设。十是积极推进农业的规模化、产业化，发展农产品深加工，拓展农村就业和增收空间。十一是以县城为重点推进城镇建设和功能。十二是农村居民点以及农村基础设施和公共服务设施的建设，要统筹考虑人口迁移等因素，适度集中、集约布局。

3. 国家限制开发区（农产品主产区）

空间格局从确保国家粮食安全和食物安全的大局出发，充分发挥各地区比较优势，重点建设以"七区二十三带"为主体的农产品主产区。一是东北平原主产区。建设以优质粳稻为主的水稻产业带，以籽粒与青贮兼用型玉米为主的专用玉米产业带，以高油大豆为主的大豆产业带，以肉牛、奶牛、生猪为主的畜产品产业带。二是黄淮海平原主产区。建设以优质强筋、中强筋和中筋小麦为主的优质专用小麦产业带，优质棉花产业带，以籽粒与青贮兼用和专用玉米为主的专用玉米产业带，以高蛋白大豆为主的大豆产业带，以肉牛、肉羊、奶牛、生猪、家禽为主的畜产品产业带。三是长江流域主产区。建设以双季稻为主的优质水稻产业带，以优质弱筋和中筋小麦为主的优质专用小麦产业带，优质棉花产业带，"双低"优质油菜产业带，以生猪、家禽为主的畜产品产业带，以淡水鱼类、河蟹为主的水产品产业带。四是汾渭平原主产区。建设以优质强筋、中筋小麦为主的优质专用小麦产业带，以籽粒与青贮兼用型玉米为主的专用玉米产业带。五是河套灌区主产区。建设以优质强筋、中筋小麦为主的优质专用小麦产业带。六是华南主产区。建设以优质高档籼稻为主的优质水稻产业带，甘蔗产业带，以对虾、罗非鱼、鳗鲡为主的水产品产业带。七是甘肃新疆主产区。建设以优质强筋、中筋小麦为主的优质专用小麦产业带，优质棉花产业带。

4. 其他农业地区

在重点建设好农产品主产区的同时，积极支持其他农业地区和其他优势特色农产品的发展，根据农产品的不同品种，国家给予必要的政策引导和支持。主要包括：西南和东北的小麦产业带，西南和东南的玉米产业带，南方的高蛋白及菜用大豆产业带，北方的油菜产业带，东北、华北、西北、西南和南方的马铃薯产业带，广西、云南、广东、海南的甘蔗产业带，海南、云南和广东的天然橡胶产业带，海南的热带农产品产业带，沿海的生猪产业带，西北的肉牛、肉羊产业带，京津沪郊区和西北的奶牛产业带，黄渤海的水产品产业带，等等。

（五）国家限制开发区域（重点生态功能区）治理

1. 国家限制开发区（重点生态功能区）

限制进行大规模高强度工业化城镇化开发的重点生态功能区。国家层面限制开发的重点生态功能区是指生态系统十分重要，关系全国或较大范围区域的生态安全，目前生态系统有所退化，需要在国土空间开发中限制进行大规模高强度工业化城镇化开发，以保持并提高生态产品供给能力的区域。国家重点生态功能区的功能定位是：保障国家生态安全的重要区域，人与自然和谐相处的示范区。经综合评价，国家重点生态功能区包括大小兴安岭森林生态功能区等25个地区，总面积约386万平方千米，占全国陆地国土面积的40.2%。国家重点生态功能区分为水源涵养型、水土保持型、防风固沙型和生物多样性维护型四种类型。

2. 国家限制开发区（重点生态功能区）规划目标

一是生态服务功能增强，生态环境质量改善。地表水水质明显改善，主要河流径流量基本稳定并有所增加。水土流失和荒漠化得到有效控制，草原面积保持稳定，草原植被得到恢复。天然林面积扩大，森林覆盖率提高，森林蓄积量增加。野生动植物物种得到恢复和增加。水源涵养型和生物多样性维护型生态功能区的水质达到Ⅰ类，空气质量达到一级；水土保持型生态功能区的水质达到Ⅱ类，空气质量达到二级；防风固沙型生态功能区的水质达到Ⅱ类，空气质量得到改善。二是形成点状开发、面上保护的空间结构。开发强度得到有效控制，保有大片开敞生态空间，水面、湿地、林地、草地等绿色生态空间扩大，人类活动占用的空间控制在目前水平。三是形成环境友好型的产业结构。不影响生态系统功能的适宜产业、特色产业和服务业得到发展，占地区生产总值的比重提高，人均地区生产总值明显增加，污染物排放总量大幅度减少。四是人口总量下降，人口质量提高。部分人口转移到城市化地区，重点生态功能区总人口占全国的比重有所降低，人口对生态环境的压力减轻。五是公共服务水平显著提高，人民生活水平明显改善。全面提高义务教育质量，基本普及高中阶段教育，人口受教育年限大幅度提高。人均公共服务支出高于全国平均水平。婴儿死亡率、孕产妇死亡率、饮用水不安全人口比例大幅下降。城镇居民人均可支配收入和农村居民人均纯收入大幅提高，绝对贫困现象基本消除。

3.国家限制开发区（重点生态功能区）发展方向

国家重点生态功能区要以保护和修复生态环境、提供生态产品为首要任务，因地制宜地发展不影响主体功能定位的适宜产业，引导超载人口逐步有序转移。一是水源涵养型。推进天然林草保护、退耕还林和围栏封育，治理水土流失，维护或重建湿地、森林、草原等生态系统。严格保护具有水源涵养功能的自然植被，禁止过度放牧、无序采矿、毁林开荒、开垦草原等行为。加强大江大河源头及上游地区的小流域治理和植树造林，减少面源污染。拓宽农民增收渠道，解决农民长远生计，巩固退耕还林、退牧还草成果。二是水土保持型。大力推行节水灌溉和雨水集蓄利用，发展旱作节水农业。限制陡坡垦殖和超载放牧。加强小流域综合治理，实行封山禁牧，恢复退化植被。加强对能源和矿产资源开发及建设项目的监管，加大矿山环境整治修复力度，最大限度地减少人为因素造成新的水土流失。拓宽农民增收渠道，解决农民长远生计，巩固水土流失治理、退耕还林、退牧还草成果。三是防风固沙型。转变畜牧业生产方式，实行禁牧休牧，推行舍饲圈养，以草定畜，严格控制载畜量。加大退耕还林、退牧还草力度，恢复草原植被。加强对内陆河流的规划和管理，保护沙区湿地，禁止发展高耗水工业。对主要沙尘源区、沙尘暴频发区实行封禁管理。四是生物多样性维护型。禁止对野生动植物进行滥捕滥采，保持并恢复野生动植物物种和种群的平衡，实现野生动植物资源的良性循环和永续利用。加强防御外来物种入侵的能力，防止外来有害物种对生态系统的侵害。保护自然生态系统与重要物种栖息地，防止生态建设导致栖息环境的改变。

（六）国家禁止开发区域治理

1.国家禁止开发区

禁止进行工业化城镇化开发的重点生态功能区。国家禁止开发区域是指有代表性的自然生态系统、珍稀濒危野生动植物物种的天然集中分布地、有特殊价值的自然遗迹所在地和文化遗址等，需要在国土空间开发中禁止进行工业化城镇化开发的重点生态功能区。国家禁止开发区域的功能定位是：我国保护自然文化资源的重要区域，珍稀动植物基因资源保护地。根据法律法规和有关方面的规定，国家禁止开发区域共1443处，总面积约120万平方千米，占全国陆地国土面积的12.5%。今后新设立的国家级自然保护区、世界文化自然遗产、国家级风景名胜区、国家森林公园、国家地质公园，自动进入国家禁止开发区域名录。国家禁止开发区域要依据法律法规规定和相关规划实施强制性保护，严格控制人为因素对自然生态和文化自然遗产原真性、完整性的干扰，严禁不符合主体功能定位的各类开发活动，引导人口逐步有序转移，实现污染物"零排放"，提高环境质量。

2. 国家级自然保护区

要依据《中华人民共和国自然保护区条例》《全国主体功能区规划》确定的原则和自然保护区规划进行管理。一是按核心区、缓冲区和实验区分类管理。核心区，严禁任何生产建设活动；缓冲区，除必要的科学实验活动外，严禁其他任何生产建设活动；实验区，除必要的科学实验以及符合自然保护区规划的旅游、种植业和畜牧业等活动外，严禁其他生产建设活动。二是按核心区、缓冲区、实验区的顺序，逐步转移自然保护区的人口。绝大多数自然保护区核心区应逐步实现无人居住，缓冲区和实验区也应较大幅度减少人口。三是根据自然保护区的实际情况，实行异地转移和就地转移两种转移方式，一部分人口转移到自然保护区以外，一部分人口就地转为自然保护区管护人员。四是在不影响自然保护区主体功能的前提下，对范围较大、目前核心区人口较多的，可以保持适量的人口规模和适度的农牧业活动，同时通过生活补助等途径，确保人民生活水平稳步提高。五是交通、通信、电网等基础设施要慎重建设，能避则避，必须穿越的，要符合自然保护区规划，并进行保护区影响专题评价。新建公路、铁路和其他基础设施不得穿越自然保护区核心区，尽量避免穿越缓冲区。

3. 世界文化自然遗产

要依据《保护世界文化和自然遗产公约》《实施世界遗产公约操作指南》《全国主体功能区规划》确定的原则和文化自然遗产规划进行管理。一是加强对遗产原真性的保护，保持遗产在艺术、历史、社会和科学方面的特殊价值。二是加强对遗产完整性的保护，保持遗产未被人扰动过的原始状态，严格保护世界文化自然遗产一切景物和自然环境，不得破坏或随意改变。三是除必要的保护设施和附属设施外，禁止从事与世界文化自然遗产保护无关的任何生产建设活动。

4. 国家级风景名胜区

要依据《风景名胜区条例》《全国主体功能区规划》确定的原则和风景名胜区规划进行管理。一是严格保护风景名胜区内一切景物和自然环境，不得破坏或随意改变。二是严格控制人工景观建设。三是禁止在风景名胜区从事与风景名胜资源无关的生产建设活动。四是建设旅游设施及其他基础设施等必须符合风景名胜区规划，逐步拆除违反规划建设的设施。五是根据资源状况和环境容量对旅游规模进行有效控制，不得对景物、水体、植被及其他野生动植物资源等造成损害。

5. 国家森林公园

要依据《中华人民共和国森林法》《中华人民共和国森林法实施条例》《中华人民共和国野生植物保护条例》《森林公园管理办法》《全国主体功能区规划》确定的原则和森林公园规划进行管理。一是除必要的保护设施和附属设施外，禁止从事与资源保护无关的任何生产建设活动。二是在森林公园内以及可能对森林公园造成影响的周边地区，禁止进行采石、取土、开矿、放牧以及非抚育和更新性采伐等活动。三是建设旅游设施及其他基础设施等必须符合森林公园规划，逐步拆除违反规划建设的设施。四是根据资源状况和环境容量对旅游规模进行有效控制，不得对森林及其他野生动植物资源等造成损害。五是不得随意占用、征用和转让林地。

6. 国家地质公园

要依据《世界地质公园网络工作指南》《全国主体功能区规划》确定的原则和地质公园规划进行管理。一是除必要的保护设施和附属设施外，禁止其他生产建设活动。二是在地质公园及可能对地质公园造成影响的周边地区，禁止进行采石、取土、开矿、放牧、砍伐以及其他对保护对象有损害的活动。三是未经管理机构批准，不得在地质公园范围内采集标本和化石。四是加强对地质公园完整性的保护，保持地质公园未被人扰动过的原始状态，严格保护地质公园一切景物和自然环境，不得破坏或随意改变。

第三章 区域国土空间的开发适宜方向

第一节 国土空间开发适宜性概念剖析

随着我国城市化进程的加快，人们逐渐意识到国土空间开发适宜性的重要性。

一、国土空间与国土空间开发的概念

国土是指一个主权国家管辖下的包括领土、领空、领海的地域空间的总称。国土空间与国土的含义基本相同，都是指一个主权国家管辖下的地域空间。国土空间具体是指国民生存的场所与邦境，包括陆地、陆上水域、内水、领海、领空等，是一个国家进行各种政治、经济、文化活动的场所，是经济社会发展的载体，是人们赖以生存和发展的家园。按照提供的产品类别，一国的国土空间可以划分为城市空间、农业空间、生态空间和其他空间四类。国土空间主要有生产功能、生活功能和生态功能等作用，这三种功能相互影响、相互支撑。生产功能是生活功能和生态功能的决定性因素，影响并干预生活功能和生态功能，而生态功能是生活功能和生产功能的根本保障。因此，按照国土功能类别，国土空间可以划分为生产、生活、生态空间，即"三生空间"。国土空间虽然是在政治视角下界定的概念，其本质仍是以土地为实体，以地域为表现形式。

国土空间开发是以一定的空间组织形式，通过人类的生产建设活动，获取人类生存和发展的物资资料的过程，是建构人类经济社会活动空间的根本方式，强调以土地的空间承载功能满足人类的多样化、多层次需求。其目标是追求国土空间的综合功能效用，而非仅追求自然生态过程不受干扰和经济效益最大化。开发利用行为是依据区域自然资源禀赋差异、社会经济条件发展特征、土地政策对区域某种预留用途进行的。理想的国土空间开发格局要能够促进要素充分流动和对其进行优化配置，使空间中人的发展机会和福利水平相对公平，生态环境可持续发展，经济、社会、环境发展与人的发展相协调。国土空间开发最主要的作用便是使资源被高效、充分利用，协调人地关系可持续发展，建立生产发展、生态平衡和生活舒适的国土空间环境。

二、国土空间开发适宜性概念界定

随着人口的不断增长，城市化、工业化进程的加快，人多地少的矛盾日益突出，国土空间开发利用格局发生剧烈变化，城镇建设空间快速扩张，自然空间不断减少。在不同尺度的国土空间中，都存在着人和自然、工业和农业、建设和环保之间不尽协调的矛盾。面对严峻的人地关系问题，从可持续发展战略和生态文明建设的目标出发，必须合理开发国土空间资源，优化国土空间开发布局。

国土空间开发适宜性概念源于土地适宜性，但其内涵却有所差异。诞生于景观设计领域的土地适宜性，强调人类景观改造要遵循自然生态过程。其早期研究以农业适宜性为主，强调气候、水文、土壤、地形地貌等属性与种植对象生长需求的匹配适宜性，目的是实现土地产出经济效益的最大化。

近年来，国土空间开发适宜性评价的价值颇受重视。地理学、生态学和城市规划等领域的学者针对不同地域类型、不同开发方式，基于不同尺度和评价单元进行了大量研究，评价方法得到不断改进，研究视角日益丰富，指标体系日趋完善。中国人文经济地理学"以任务带学科"的发展模式在国土空间开发适宜性研究中也得到充分体现。有关国土空间开发适宜性评价的研究大多聚焦于省域或区域等大尺度上，以生态优先为指导，选取并识别区域主要自然约束因素，针对单一要素或者多要素构建评价模型，得到适宜性分区结果。

随着经济社会的不断发展，城市建设土地供需矛盾不断加剧，国土空间开发适宜性研究开始引起广泛关注，最后逐渐发展为从宏观尺度上对土地供给、建设用地需求匹配程度的供需进行分析，以及根据不同地域自然资源条件、社会经济差异，实现和谐人地关系的国土空间适宜性分析。国土空间开发适宜性是指国土空间对城镇开发、农业生产、生态保护等不同开发利用方式的适宜程度。它是在一定地域空间范围内，由资源环境承载能力、经济发展基础与潜力所决定的承载城镇化和工业化发展的适宜程度。

2019 年 5 月，《中共中央国务院关于建立国土空间规划体系并监督实施的若干意见》正式印发。文件明确建立"五级三类"国土空间规划体系，要求国土空间规划编制要提高科学性，在资源环境承载能力和国土空间开发适宜性评价的基础上，科学有序地统筹布局生态、农业、城镇等功能空间。随着空间开发失控与区域无序竞争问题的日益突出，开发格局优化和区域协调发展已成为中国当前亟待解决的重大科学与实践命题，而国土空间开发适宜性综合评价是研究解决该命题的重要基础。

国土空间开发适宜性评价是以资源环境承载能力评价为前提，对国土空间开发和保护适宜程度的综合评价，是合理划定"三区三线"的重要依据。国土空间开发适宜性侧重从宏观尺度判断国土空间承载城镇化、工业化开发这一地域功能的适宜程度，目的在于从空间上合理组织开发活动，是根据国土空间的自然资源条件、社会经济发展特征、人类生产生活方式及政府政策等因素，研究国土空间对预定发展用途的适宜程度。这有助于指导区域国土空间的开发选择，促进国土优化开发和区域协调发展，是国土开发格局优化与区域协调发展的科学基础。

第二节　国土空间开发的多层次决策体系

一、生态环境协调的开发决策

生态环境是资源环境承载能力评价与国土空间开发适宜性评价综合系统中的重要组成部分。由生态环境基本特征衍生出的生态空间、生态环境脆弱区及生态红线等要素，能对评价成果及规划方式提供约束和导向，对决定资源利用与社会经济布局的组合落地实施具有不可替代的作用，能够更有效地解决经济发展过程中资源开发与生态保护之间的矛盾。生态环境约束条件主要针对在国土空间规划系统中应用不同资源进行发展时可能面临的生态环境层面的各类限制，以资源环境承载能力评价中生态环境容量与红线的评价成果为依据，明确"三区三线"中的生态功能区与划定的生态红线，确保开发利用不触碰生态红线、不挤占生态功能区的空间。

生态空间的主要作用与目的在于维持山水自然地貌特征，进而改善陆海生态系统、流域水系网络与区域绿道绿廊的系统性、整体性和连通性，以明确生态屏障、生态廊道和生态系统保护格局，并最终确定生态保护与修复重点区域，构建生物多样性保护网络。被划归生态空间的区域，其资源适宜性、开发适宜性及自然资源与环境承载能力相对较弱，须在开发进程中进行规避以改变区域内的综合开发条件。生态红线的划定基本上沿用资源数据环境特征评价阶段获得的本底数据，并参考生态环境承载能力评价相关成果。生态保护红线划定的生态功能利用范围的边界能够有效确保红线内生态功能不降低、面积不减少、性质不改变。

在区域国土空间开发过程中，不但需要避免逾越生态保护红线，而且须确保邻近空间内开发产生的附加影响不超过红线。从双评价的评价阶段与评价成果来看，生态脆弱区由于本身的环境承载能力较低而不适宜进行资源利用与社会经济开发，是生态条件约束发展范围和措施的实际体现。

二、综合效益优先的开发决策

综合效益优先，要求在评价、决策工作中，按照建设资源节约型社会的要求，把提高空间利用效率作为国土空间开发的重要任务，拓宽、拓深土地利用空间（地上空间、地面空间与地下空间），引导人口相对集中分布、经济相对集中布局，走空间集约利用的发展道路。追求综合效益的优化，需要全面把控自然环境、社会经济与生态系统的协调，在把握自然资源开发利用的适宜方式、促进资源高效产出的同时，确保生态环境所面临的承载压力稳定在承载能力限制范围内。

具体到不同功能的区域，对于资源环境承载能力较强、人口密度较高的城市化地区，要把城市群作为推进城镇化的主体形态。其他城市化地区要依托现有城市集中布局、据点式开发，建设好县城和有发展潜力的小城镇，严格控制乡镇建设用地扩张。各类开发活动都要充分利用现有建设空间，尽可能利用闲置地、空闲地和废弃地。工业项目建设要按照发展循环经济和有利于污染集中治理的原则集中布局。以工业开发为主的开发区要提高建筑密度和容积率，国家级、省级经济技术开发区要率先提高空间利用效率。各类开发区在空间得到充分利用之前，不得扩大面积。交通建设要尽可能利用现有基础进行扩能改造，必须新建的也要尽可能利用既有交通走廊。跨江（河、湖、海）的公路、铁路应尽可能共用桥位。

三、供需关系均衡的开发决策

优化国土空间开发要坚持集约利用资源的原则，促进生产空间集约高效、生活空间适宜居住、生态空间山清水秀。让生产空间、生活空间、生态空间更好地匹配，更好地保护资源，更集约地利用资源，是优化国土空间开发的核心理念。以土地资源为例，土地集约利用是指以合理布局、优化用地结构和可持续发展的思想为指导，通过增加存量土地投入、改善经营管理等途径，不断提高土地的使用效率，实现更高的经济、社会、生态、环境效益。土地集约利用研究的重点是寻找实现集约利用的途径和方法，体现土地可持续发展的思想和科学发展观。国土空间开发适宜性评价研究正是满足这一理论，可以寻找最佳的国土空间开发路径，减少土地资源浪费，实现土地集约利用。

要解决以土地资源为核心的资源供需矛盾，就必须以人地协调理论为基础，充分协调人类经济社会发展对土地的需求和有限土地供给之间的关系。我国人口资源的基本国情和经济发展的阶段性特征，决定了未来资源供需矛盾将是经济社会发展的重大瓶颈。要坚持节约资源的基本国策，落实节约优先战略，实行总量控制、供需双向调节和差别化管理，大幅度提高资源利用效率；要不断健全和完善资源开发利用体制机制，形成有利于节约资源和保护环境的空间格局、产业结构、生产方式、生活方式，提高资源保障水平，增强国土可持续发展能力；要落实土地用途管制，严守耕地保护红线，大规模建设高标准基本农田；要严格水源地保护，加强用水总量管理，提高用水效率，推动水循环利用；要加强矿产资源节约与综合利用，提高矿产资源开采回采率、选矿回收率和综合利用效率；要推动能源生产和消费革命，控制能源消费总量，加强节能降耗，支持节能低碳产业和新能源、可再生能源发展；同时要大力发展循环经济，促进生产、流通、消费过程的减量化、再利用、资源化，大幅降低资源消耗强度。

四、总体目标制约的开发决策

国土空间利用规划布局与总体战略关系紧密，整体规划流程中各个环节指标的确定、所参考的规范，本质上也属于社会经济与环境空间战略的组成部分。总体上，资源环境、国土空间规划与战略是各规划阶段的参考依据和评价标准。国土空间规划是自上而下编制，同时还规定下级规划要服从上级规划、专项规划和详细规划要落实总体规划。其目的是要把党中央、国务院的重大决策部署，以及国家安全战略、区域发展战略、主体功能区战略等国家战略，通过约束性指标和管控边界逐级落实到最终的详细规划等实施性规划上，以保障国家重大战略的最终落实和落地。

区域发展总体战略与主体功能区战略都是国土空间开发总体部署的重要组成部分，两者一般分别适用于不同尺度的国土空间开发规划。因此，对于不同层次（如国家级、省级、市县级）的空间发展问题，应制定不同的发展战略。大量研究表明，国土空间格局与过程的发生、时空分布、相互耦合等特征都是尺度依存的，只有在特定的国土空间尺度上对其进行考察和研究，才能把握不同空间尺度发展战略的内在规律。另外，尺度性和层次性是紧密联系在一起的，只有深刻认识和详细把握不同尺度国土空间的结构组成、异质性特征、响应与反馈的非线性属性、干扰因素的影响，才能更好地揭示国土空间多层次系统及层次间相互联系的内在规律，最终构建层次明晰、结构合理的国土空间开发体系。

第三节　区域国土空间开发的适宜性评价

区域国土空间开发的适宜性评价在相当程度上与双评价前序的阶段性评价密切耦合，因此整体决策流程的多个阶段依靠双评价成果，流程接近于决策树的方式，每个规划节点紧密承接"父节点"结果（前序步骤成果），而当前的不同状态直接影响后续步骤的方向与结果，总的过程逐层递进、环环相扣。

一、国土空间开发适宜性评价的基础数据

国土空间开发适宜性评价基础数据主要包括资源环境类型分区、适宜性分区、承载能力分区和承载压力分区四个部分。

（一）资源环境类型分区图层

资源环境类型分区图层包括基于综合格网单元的自然资源类型分区图层（表3-1）和环境特征分区图层（表3-2）。

表3-1　自然资源类型分区

要素类型	要素分区类型
土地资源	建设用地分布类型区、农田分布类型区、林地分布类型区及草地分布类型区等土地资源类型区
水资源	地表水分布类型区和地下水分布类型区等水资源类型区
矿产资源	以固体矿产分布类型区及油气分布类型区为代表的矿产资源类型区
海洋资源	海洋空间资源：岸线资源类型区、海域资源类型区等海洋空间资源类型区
	海洋渔业资源：以各类海洋生物为代表的海洋渔业资源类型区
	无人岛礁资源：海岛（礁）资源类型区

表3-2　环境特征分区

要素类型	要素分区类型
自然气候	以干旱气候区、半干旱气候区等为代表的气象气候类型区
大气环境	高压区、低压区等不同的大气环境类型区
水环境	地下水环境类型区、地表水环境类型区等水环境类型区
土壤环境	不同类型的土壤环境类型区
地形地貌	以山地、平原等为代表的地形地貌类型区
交通区位	核心城区、郊区等不同的交通区位类型区
地质环境	水文地质类型区及工程地质类型区等地质环境类型区
自然灾害	各类自然灾害类型区，如地质灾害类型区等
海洋环境	各类海洋环境类型区，如海底环境类型区等

（二）适宜性分区图层

自然资源开发利用适宜性分区是建立在对各项自然资源开发利用方式的限制性类型，以及等级分区、利用适宜性分区、经济适宜性分区的基础之上的。其中，土地资源和水资源的开发利用存在多宜性，而矿产资源和海洋资源的开发利用是基于其资源禀赋特征的（表3-3）。

表3-3　自然资源适宜性分区

要素类型	要素分区类型
土地资源	建设用地适宜类型区、耕地适宜类型区、林地适宜类型区、草地适宜类型区
水资源	生活用水适宜类型区、灌溉用水适宜类型区、工业用水适宜类型区、水力资源开发适宜类型区

续表

要素类型	要素分区类型
矿产资源	煤炭资源开发适宜类型区、金属和非金属矿石资源开发适宜类型区、石油资源开发适宜类型区、天然气资源开发适宜类型区
海洋资源	海洋空间资源开发适宜类型区、海洋渔业资源开发适宜类型区、无人岛礁资源开发适宜类型区

（三）承载能力分区图层

区域自然资源与环境承载能力分区图层主要包括基于综合格网单元的自然资源承载能力类型区图层和环境承载能力类型区图层（表3-4）。自然资源承载能力类型区包括土地资源、水资源、矿产资源和海洋资源承载能力类型区。环境承载能力类型区包括大气环境、水环境、土壤环境、地质环境和海洋环境承载能力类型区。

表3-4　自然资源与环境承载能力分区

要素类型	要素分区类型
土地资源	耕地承载能力类型区、林地承载能力类型区、草地承载能力类型区、建设用地承载能力类型区
水资源	灌溉用水承载能力类型区、工业用水承载能力类型区、生活用水承载能力类型区、水力资源开发承载能力类型区
矿产资源	煤炭资源承载能力类型区、金属和非金属矿石资源承载能力类型区、石油资源承载能力类型区、天然气资源承载能力类型区
海洋资源	海洋空间资源承载能力类型区、海洋渔业资源承载能力类型区、无人岛礁资源承载能力类型区
大气环境	大气环境承载能力类型区
水环境	水环境承载能力类型区
土壤环境	土壤环境承载能力类型区
地质环境	地质环境承载能力类型区
海洋环境	海洋环境承载能力类型区

（四）承载压力分区图层

区域自然资源与环境承载压力分区图层主要包括基于综合格网单元的自然资源承载压力类型区图层和环境承载压力类型区图层（表3-5）。自然资源承载压力类型区包括土地资源、水资源、矿产资源和海洋资源承载压力类型区。环境承载压力类型区包括大气环境、水环境、土壤环境、地质环境和海洋环境承载压力类型区。

表 3-5　自然资源与环境承载压力类型区

要素类型	要素分区类型
土地资源	耕地承载能力类型区、林地承载能力类型区、草地承载能力类型区、建设用地承载能力类型区
水资源	灌溉用水承载能力类型区、工业用水承载能力类型区、生活用水承载能力类型区、水力资源开发承载能力类型区
矿产资源	煤炭资源承载能力类型区、金属和非金属矿石资源承载能力类型区、石油资源承载能力类型区、天然气资源承载能力类型区
海洋资源	海洋空间资源承载能力类型区、海洋渔业资源承载能力类型区、无人岛礁资源承载能力类型区
大气环境	大气环境承载能力类型区
水环境	水环境承载能力类型区
土壤环境	土壤环境承载能力类型区
地质环境	地质环境承载能力类型区
海洋环境	海洋环境承载能力类型区

二、国土空间开发适宜性评价的指标体系

合理的国土空间开发适宜性评价是建立在运用一套科学的指标体系对国土空间进行客观评价的基础上的。选用个别指标不足以反映国土空间的差异性，因此整合多因素构建全面的指标体系一直是学界不断努力的方向。下面从陆域和海域两方面对国土空间开发适宜性评价指标体系进行整理。

（一）陆域资源开发适宜性评价指标

陆域资源开发适宜方向主要包括城市化地区、种植业地区、牧业地区及重点生态功能区。参考《全国主体功能区规划》《省级主体功能区划分技术规程（试用）》等规范文件，首先，确定陆域资源环境禀赋，集成陆域资源环境单项适宜性评价、承载能力评价及承载压力评价成果；其次，依据短板理论确定资源环境类型区综合承载能力和综合承载压力，以此为依据划分开发适宜方向，即优化开发、重点开发、限制开发、禁止开发；最后，针对区域短板和开发适宜方向提出资源开发利用策略。

1. 城市化地区

城市化地区开发适宜性方向的影响因素包括土地、水、矿产三类资源要素，以及自然气候、大气环境、水环境、土壤环境等八类环境要素，各资源环境要素的阶段性评价指标可以作为城市化地区开发适宜性评价的基础属性指标参与开发方向的判定（表3-6）。

表 3-6　城市化地区基础评价单元属性指标

指标来源	要素分类	指标
资源数量与环境特征评价（P0）	土地资源	建设用地分布类型区
	水资源	地表水分布类型区、地下水分布类型区等水资源类型区
	矿产资源	固体矿产分布类型区、油气分布类型区
	自然气候	气象气候类型区
	大气环境	大气环境类型区
	水环境	地下水环境类型区、地表水环境类型区
	土壤环境	土壤类型区
	地形地貌	地形地貌类型区
	交通区位	交通区位类型区
	地质环境	地质环境类型区
	自然灾害	自然灾害类型区
资源开发利用适宜性评价（P1）	土地资源——建设用地	建设用地限制性类型、建设用地条件适宜性等级、建设用地经济适宜性等级、建设用地环境条件限制性分区、建设用地条件适宜性分区、建设用地经济适宜性分区
	水资源——生活用水	生活用水限制性类型、生活用水条件适宜性等级、生活用水经济适宜性等级、生活用水限制性分区、生活用水条件适宜性分区、生活用水经济适宜性分区
	水资源——工业用水	工业用水限制性类型、工业用水条件适宜性等级、工业用水经济适宜性等级、工业用水限制性分区、工业用水条件适宜性分区、工业用水经济适宜性分区
	矿产资源——煤炭资源利用	煤炭资源利用限制性类型、煤炭资源利用条件适宜性等级、煤炭资源利用经济适宜性等级、煤炭资源利用限制性分区、煤炭资源利用条件适宜性分区、煤炭资源利用经济适宜性分区
	矿产资源——金属、非金属矿石资源利用	金属、非金属矿石资源利用限制性类型，金属、非金属矿石资源利用条件适宜性等级，金属、非金属矿石资源利用经济适宜性等级，金属、非金属矿石资源利用限制性分区，金属、非金属矿石资源利用条件适宜性分区，金属、非金属矿石资源利用经济适宜性分区
	矿产资源——天然气资源利用	天然气资源利用限制性类型、天然气资源利用条件适宜性等级、天然气资源利用经济适宜性等级、天然气资源利用限制性分区、天然气资源利用条件适宜性分区、天然气资源利用经济适宜性分区
	矿产资源——石油资源利用	石油资源利用限制性类型、石油资源利用条件适宜性等级、石油资源利用经济适宜性等级、石油资源利用限制性分区、石油资源利用条件适宜性分区、石油资源利用经济适宜性分区

续表

指标来源	要素分类	指标
区域资源环境承载能力评价（P2）	土地资源——建设用地	建设用地承载能力、建设用地承载能力类型区
	水资源——生活用水	生活用水承载能力、生活用水承载能力类型区
	水资源——工业用水	工业用水承载能力、工业用水承载能力类型区
	矿产资源——固体矿产	固体矿产资源人口承载能力、固体矿产资源的持续开采年限、固体矿产资源承载能力类型区
	矿产资源——油气资源	油气资源人口承载能力、油气资源的持续开采年限、油气资源承载能力类型区
	大气环境	大气污染物浓度限值、大气环境承载能力类型区
	水环境	水污染物浓度限值、水环境承载能力类型区
	土壤环境	土壤污染物浓度限值、土壤环境承载能力类型区
	地质环境	地质环境承载能力、地质环境承载能力类型区
区域资源环境承载压力评价（P3）	土地资源	建设用地开发压力状态指数（建设用地承载压力）、建设用地承载压力类型区
	水资源	生活用水承载压力状态指数、工业用水开发压力状态指数、生活用水承载压力类型区、工业用水承载压力类型区
	矿产资源	固体矿产资源开发压力状态指数、固体矿产资源供需比例、固体矿产资源承载压力类型区、油气资源开发压力状态指数、油气资源供需比例、油气资源承载压力类型区
	大气环境	大气污染物浓度超标指数、大气污染物承载压力类型区
	水环境	水污染物浓度超标指数、水污染物承载压力类型区
	土壤环境	土壤污染物浓度超标指数、土壤环境承载压力类型区
	地质环境	地面塌陷面积、地质环境承载压力类型区

将参与判定城市化地区开发适宜性方向的基础属性指标集成到对应评价层级的网格单元中，由单项资源环境要素评价集成求得的区域综合承载能力、综合承载压力指标，结合单要素适宜性评价结果，划分城市化地区开发适宜方向。依据划定的开发适宜方向、区域开发存在的短板及区域发展要求，以生态环境保护优先为原则，衡量各类资源开发与保护之间的优先级别，制定区域资源开发利用策略，为未来区域发展规划提供指导。

2. 种植业地区

种植业地区开发适宜性方向的影响因素包括土地、水、矿产三类资源要素，以及自然气候、大气环境、水环境、土壤环境等八类环境要素，各资源环境要素的阶段性评价指标可以作为种植业地区开发适宜性评价的基础属性指标参与开发方向的判定（表3-7）。

表 3-7 种植业地区基础评价单元属性指标

指标来源	要素分类	指标
资源数量与环境特征评价（P0）	土地资源	建设用地分布类型区、耕地分布类型区、林地分布类型区
	水资源	地表水分布类型区、地下水分布类型区等水资源类型区
	矿产资源	固体矿产分布类型区、油气分布类型区
	自然气候	气象气候类型区
	大气环境	大气环境类型区
	水环境	地下水环境类型区、地表水环境类型区
	土壤环境	土壤类型区
	地形地貌	地形地貌类型区
	交通区位	交通区位类型区
	地质环境	地质环境类型区
	自然灾害	自然灾害类型区
资源开发利用适宜性评价（P1）	土地资源——耕地	耕地限制性类型、耕地条件适宜性等级、耕地经济适宜性等级、耕地限制性分区、耕地条件适宜性分区、耕地经济适宜性分区
	土地资源——林地	林地限制性类型、林地条件适宜性等级、林地经济适宜性等级、林地限制性分区、林地条件适宜性分区、林地经济适宜性分区
	水资源——生活用水	地表生活用水适宜性评分、地表生活用水限制性类型、地表生活用水适宜性等级、地下生活用水适宜性评分、地下生活用水限制性类型、地下生活用水适宜性等级、生活用水条件限制性分区、生活用水条件适宜性分区、生活用水经济适宜性分区
	水资源——灌溉用水	灌溉用水限制性类型、灌溉用水条件适宜性等级、灌溉用水经济适宜性等级、灌溉用水限制性分区、灌溉用水条件适宜性分区、灌溉用水经济适宜性分区
	矿产资源——煤炭资源利用	煤炭资源利用限制性类型、煤炭资源利用条件适宜性等级、煤炭资源利用经济适宜性等级、煤炭资源利用限制性分区、煤炭资源利用条件适宜性分区、煤炭资源利用经济适宜性分区
	矿产资源——金属、非金属矿石资源利用	金属、非金属矿石资源利用限制性类型，金属、非金属矿石资源利用条件适宜性等级，金属、非金属矿石资源利用经济适宜性等级，金属、非金属矿石资源利用限制性分区，金属、非金属矿石资源利用条件适宜性分区，金属、非金属矿石资源利用经济适宜性分区
	矿产资源——天然气资源利用	天然气资源利用限制性类型、天然气资源利用条件适宜性等级、天然气资源利用经济适宜性等级、天然气资源利用限制性分区、天然气资源利用条件适宜性分区、天然气资源利用经济适宜性分区
	矿产资源——石油资源利用	石油资源利用限制性类型、石油资源利用条件适宜性等级、石油资源利用经济适宜性等级、石油资源利用限制性分区、石油资源利用条件适宜性分区、石油资源利用经济适宜性分区

续表

指标来源	要素分类	指标
区域资源环境承载能力评价（P2）	土地资源	耕地承载能力、耕地承载能力类型区、林地承载能力、林地承载能力类型区
	水资源	灌溉用水承载能力、灌溉用水承载能力类型区、生活用水承载能力、生活用水承载能力类型区
	矿产资源	固体矿产资源人口承载能力、固体矿产资源的持续开采年限、固体矿产资源承载能力类型区、油气资源人口承载能力、油气资源的持续开采年限、油气资源承载能力类型区
	水环境	水污染物浓度限值、水环境承载能力类型区
	大气环境	大气污染物浓度限值、大气环境承载能力类型区
	土壤环境	土壤污染物浓度限值、土壤环境承载能力类型区
区域资源环境承载压力评价（P3）	土地资源	耕地开发压力状态指数（耕地承载压力）、耕地承载压力类型区、林地开发压力状态指数（林地承载压力）、林地承载压力类型区
	水资源	生活用水承载压力状态指数、生活用水承载压力类型区、灌溉用水开发压力状态指数、灌溉用水承载压力类型区
	矿产资源	固体矿产资源开发压力状态指数、固体矿产资源供需比例、固体矿产资源承载压力类型区、油气资源开发压力状态指数、油气资源供需比例、油气资源承载压力类型区
	大气环境	大气污染物浓度超标指数、大气环境承载压力类型区
	土壤环境	土壤污染物浓度超标指数、土壤环境承载压力类型区
	水环境	水污染物浓度综合超标指数、水环境承载压力类型区

将参与判定种植业地区开发适宜性方向的基础属性指标集成到对应评价层级的网格单元中，由单项资源环境要素评价集成求得的区域综合承载能力、综合承载压力指标，结合单要素适宜性评价结果，划分种植业地区开发适宜方向。依据划定的开发适宜方向、区域开发存在的短板以及区域发展要求，以生态环境保护优先为原则，衡量各类资源开发与保护之间的优先级别，制定区域资源开发利用策略，为未来区域发展规划提供指导。

3. 牧业地区

牧业地区开发适宜性方向的影响因素包括土地、水、矿产三类资源要素，以及自然气候、大气环境、水环境、土壤环境等八类环境要素，各资源环境要素的阶段性评价指标作为牧业地区开发适宜性评价的基础属性指标参与开发方向的判定（表3-8）。

表3-8 牧业地区基础评价单元属性指标

指标来源	要素分类	指标
资源数量与环境特征评价（P0）	土地资源	草地分布类型区、建设用地分布类型区
	水资源	地表水分布类型区、地下水分布类型区等
	矿产资源	固体矿产分布类型区、油气分布类型区

续表

指标来源	要素分类	指标
资源数量与环境特征评价（P0）	自然气候	气象气候类型区
	大气环境	大气环境类型区
	水环境	地下水环境类型区、地表水环境类型区
	土壤环境	土壤类型区
	地形地貌	地形地貌类型区
	交通区位	交通区位类型区
	地质环境	地质环境类型区
	自然灾害	自然灾害类型区
资源开发利用适宜性评价（P1）	土地资源——草地	草地限制性类型、草地条件适宜性等级、草地经济适宜性等级、草地限制性分区、草地条件适宜性分区、草地经济适宜性分区
	水资源——生活用水	生活用水限制性类型、生活用水条件适宜性等级、生活用水经济适宜性等级、生活用水限制性分区、生活用水条件适宜性分区、生活用水经济适宜性分区
	水资源——灌溉用水	灌溉用水限制性类型、灌溉用水条件适宜性等级、灌溉用水经济适宜性等级、灌溉用水限制性分区、灌溉用水条件适宜性分区、灌溉用水经济适宜性分区
	矿产资源——煤炭资源利用	煤炭资源利用限制性类型、煤炭资源利用条件适宜性等级、煤炭资源利用经济适宜性等级、煤炭资源利用限制性分区、煤炭资源利用条件适宜性分区、煤炭资源利用经济适宜性分区
	矿产资源——金属、非金属矿石资源利用	金属、非金属矿石资源利用限制性类型，金属、非金属矿石资源利用条件适宜性等级，金属、非金属矿石资源利用经济适宜性等级，金属、非金属矿石资源利用限制性分区，金属、非金属矿石资源利用条件适宜性分区，金属、非金属矿石资源利用经济适宜性分区
	矿产资源——天然气资源利用	天然气资源利用限制性类型、天然气资源利用条件适宜性等级、天然气资源利用经济适宜性等级、天然气资源利用限制性分区、天然气资源利用条件适宜性分区、天然气资源利用经济适宜性分区
	矿产资源——石油资源利用	石油资源利用限制性类型、石油资源利用条件适宜性等级、石油资源利用经济适宜性等级、石油资源利用限制性分区、石油资源利用条件适宜性分区、石油资源利用经济适宜性分区
区域资源环境承载能力评价（P2）	水资源	灌溉用水承载能力、灌溉用水承载能力类型区、生活用水承载能力、生活用水承载能力类型区
	矿产资源	固体矿产资源人口承载能力、固体矿产资源的持续开采年限、固体矿产资源承载能力类型区、油气资源人口承载能力、油气资源的持续开采年限、油气资源承载能力类型区

续表

指标来源	要素分类	指标
区域资源环境承载能力评价（P2）	土地资源	理论载畜量、草地承载能力、草地承载能力类型区
	水环境	水污染物浓度限值、水环境承载能力类型区
	大气环境	大气污染物浓度限值、大气环境承载能力类型区
区域资源环境承载压力评价（P3）	土地资源	草地开发压力状态指数（草地承载压力）、草地承载能力类型区
	水资源	生活用水开发压力状态指数、生活用水承载能力类型区、灌溉用水开发压力状态指数、灌溉用水承载能力类型区
	矿产资源	固体矿产资源开发压力状态指数、固体矿产资源供需比例、固体矿产资源承载压力类型区、油气资源开发压力状态指数、油气资源供需比例、油气资源承载压力类型区
	大气环境	大气污染物浓度超标指数、大气环境承载压力类型区
	水环境	水污染物浓度超标指数、水环境承载压力类型区

将参与判定牧业地区开发适宜性方向的基础属性指标集成到对应评价层级的网格单元中，由单项资源环境要素评价集成求得的区域综合承载能力、综合承载压力指标，结合单要素适宜性评价结果，划分牧业地区开发适宜方向。依据划定的开发适宜方向、区域开发存在的短板及区域发展要求，以生态环境保护优先为原则，衡量各类资源开发与保护之间的优先级别，制定区域资源开发利用策略，为未来区域发展规划提供指导。

4.重点生态功能区

重点生态功能区开发适宜性方向的影响因素包括土地、水、矿产三类资源要素，以及自然气候、大气环境、水环境、土壤环境等八类环境要素，各资源环境要素的阶段性评价指标作为重点生态功能区开发适宜性评价的基础属性指标参与开发方向的判定（表3-9）。

表3-9　重点生态功能区基础评价单元属性指标

指标来源	要素分类	指标
资源数量与环境特征评价（P0）	土地资源	建设用地分布类型区
	水资源	地表水分布类型区、地下水分布类型区等水资源类型区
	矿产资源	固体矿产分布类型区、油气分布类型区
	自然气候	气象气候类型区
	大气环境	大气环境类型区
	水环境	地下水环境类型区、地表水环境类型区
	土壤环境	土壤类型区
	地形地貌	地形地貌类型区
	交通区位	交通区位类型区
	地质环境	地质环境类型区
	自然灾害	自然灾害类型区

续表

指标来源	要素分类	指标
资源开发利用适宜性评价（P1）	土地资源——建设用地	建设用地限制性类型、建设用地条件适宜性等级、建设用地经济适宜性等级、建设用地环境条件限制性分区、建设用地条件适宜性分区、建设用地经济适宜性分区
	水资源——生活用水	生活用水限制性类型、生活用水条件适宜性等级、生活用水经济适宜性等级、生活用水限制性分区、生活用水条件适宜性分区、生活用水经济适宜性分区
	水资源——工业用水	工业用水限制性类型、工业用水条件适宜性等级、工业用水经济适宜性等级、工业用水限制性分区、工业用水条件适宜性分区、工业用水经济适宜性分区
	矿产资源——煤炭资源利用	煤炭资源利用限制性类型、煤炭资源利用条件适宜性等级、煤炭资源利用经济适宜性等级、煤炭资源利用限制性分区、煤炭资源利用条件适宜性分区、煤炭资源利用经济适宜性分区
	矿产资源——金属、非金属矿石资源利用	金属、非金属矿石资源利用限制性类型，金属、非金属矿石资源利用条件适宜性等级，金属、非金属矿石资源利用经济适宜性等级，金属、非金属矿石资源利用限制性分区，金属、非金属矿石资源利用条件适宜性分区，金属、非金属矿石资源利用经济适宜性分区
	矿产资源——天然气资源利用	天然气资源利用限制性类型、天然气资源利用条件适宜性等级、天然气资源利用经济适宜性等级、天然气资源利用限制性分区、天然气资源利用条件适宜性分区、天然气资源利用经济适宜性分区
	矿产资源——石油资源利用	石油资源利用限制性类型、石油资源利用条件适宜性等级、石油资源利用经济适宜性等级、石油资源利用限制性分区、石油资源利用条件适宜性分区、石油资源利用经济适宜性分区
区域资源环境承载能力评价（P2）	土地资源——建设用地	建设用地承载能力、建设用地承载能力类型区
	水资源——生活用水	生活用水承载能力、生活用水承载能力类型区
	水资源——工业用水	工业用水承载能力、工业用水承载能力类型区
	矿产资源——固体矿产	固体矿产资源人口承载能力、固体矿产资源的持续开采年限、固体矿产资源承载能力类型区
	矿产资源——油气资源	油气资源人口承载能力、油气资源的持续开采年限、油气资源承载能力类型区
	大气环境	大气污染物浓度限值、大气环境承载能力类型区
	水环境	水污染物浓度限值、水环境承载能力类型区
	土壤环境	土壤污染物浓度限值、土壤环境承载能力类型区
	地质环境	地质环境承载能力、地质环境承载能力类型区

续表

指标来源	要素分类	指标
区域资源环境承载压力评价（P3）	土地资源	建设用地开发压力状态指数（建设用地承载压力）、建设用地承载压力类型区
	水资源	生活用水承载压力状态指数、工业用水开发压力状态指数、生活用水承载压力类型区、工业用水承载压力类型区
	矿产资源	固体矿产资源开发压力状态指数、固体矿产资源供需比例、固体矿产资源承载压力类型区、油气资源开发压力状态指数、油气资源供需比例、油气资源承载压力类型区
	大气环境	大气污染物浓度超标指数、大气污染物承载压力类型区
	水环境	水污染物浓度超标指数、水污染物承载压力类型区
	土壤环境	土壤污染物浓度超标指数、土壤环境承载压力类型区
	地质环境	地面塌陷面积、地质环境承载压力类型区

将参与判定重点生态功能区开发适宜性方向的基础属性指标集成到对应评价层级的网格单元中，由单项资源环境要素评价集成求得的区域综合承载能力、综合承载压力指标，结合单要素适宜性评价结果，划分重点生态功能区开发适宜方向。依据划定的开发适宜方向、区域开发存在的短板及区域发展要求，以生态环境保护优先为原则，为后续资源开发与挖潜提供基础。

（二）海域资源开发适宜性评价指标

海域资源开发适宜方向主要包括产业与城镇建设用海区、海洋渔业保障区、重要海洋生态功能区。参考《全国海洋主体功能区规划》等规范文件，首先，确定海域资源环境禀赋，集成海域资源环境单项适宜性评价、承载能力评价及承载压力评价结果；其次，依据短板理论确定资源环境类型区综合承载能力和综合承载压力，以此为依据划分开发适宜方向，即优化开发、重点开发、限制开发、禁止开发；最后，针对区域短板和开发适宜方向提出资源开发利用策略。

1. 产业与城镇建设用海区

产业与城镇建设用海区开发适宜性方向的影响因素包括海洋空间、海洋渔业、无人岛礁三类资源要素，以及海洋环境一类环境要素，各资源环境要素的阶段性评价指标作为产业与城镇建设用海区开发适宜性评价的基础属性指标参与开发方向的判定（表3-10）。

表3-10 产业与城镇建设用海区基础评价单元属性指标

指标来源	要素分类	指标
资源数量与环境特征评价（PO）	海洋空间资源	岸线资源类型区、海域资源类型区
	海洋渔业资源	海洋渔业资源类型区
	无人岛礁资源	海岛（礁）资源类型区
	海洋环境	海洋环境类型区

续表

指标来源	要素分类	指标
资源开发利用适宜性评价（P1）	海洋空间资源	海洋空间开发限制性类型、海洋空间开发条件适宜性等级、海洋空间开发经济适宜性等级、海洋空间开发适宜类型区
	海洋渔业资源	海洋渔业开发限制性类型、海洋渔业开发条件适宜性等级、海洋渔业开发经济适宜性等级、海洋渔业开发适宜类型区
	无人岛礁资源	无人岛礁开发限制性类型、无人岛礁开发条件适宜性等级、无人岛礁开发经济适宜性等级、无人岛礁开发适宜类型区
区域资源环境承载能力评价（P2）	海洋空间资源	岸线资源承载能力、海域资源承载能力
	海洋渔业资源	可捕量
	无人岛礁资源	无居民海岛开发强度阈值、无居民海岛生态状况阈值
	海洋环境	海洋功能区水质达标率评估阈值标准、鱼卵仔鱼密度评估阈值标准、近海渔获物的平均营养级指数变化率评估阈值标准、典型生境的最大受损率评估阈值标准、海洋赤潮灾害评估阈值标准、海洋溢油事故风险评估阈值标准
区域资源环境承载压力评价（P3）	海洋空间资源	岸线开发强度（岸线资源承载压力）、海域开发强度（海域资源承载压力）
	海洋渔业资源	海洋渔业资源综合承载指数（海洋渔业资源承载压力）
	无人岛礁资源	无居民海岛开发强度、无居民海岛生态状况
	海洋环境	海洋水质承载状况、海洋生物承载状况、海洋环境承载压力状况

2.海洋渔业保障区

海洋渔业保障区开发适宜性方向的影响因素包括海洋空间、海洋渔业两类资源要素，以及海洋环境一类环境要素，各资源环境要素的阶段性评价指标作为海洋渔业保障区开发适宜性评价的基础属性指标参与开发方向的判定（表3-11）。

表3-11 海洋渔业保障区基础评价单元属性指标

指标来源	要素分类	指标
资源数量与环境特征评价（P0）	海洋空间资源	岸线资源类型区、海域资源类型区
	海洋渔业资源	海洋渔业资源类型区
	海洋环境	海洋环境类型区
资源开发利用适宜性评价（P1）	海洋空间资源	海洋空间开发限制性类型、海洋空间开发条件适宜性等级、海洋空间开发经济适宜性等级、海洋空间开发适宜类型区
	海洋渔业资源	海洋渔业开发限制性类型、海洋渔业开发条件适宜性等级、海洋渔业开发经济适宜性等级、海洋渔业开发适宜类型区
区域资源环境承载能力评价（P2）	海洋空间资源	岸线资源承载能力、海域资源承载能力

续表

指标来源	要素分类	指标
区域资源环境承载能力评价（P2）	海洋渔业资源	可捕量
	海洋环境	海洋功能区水质达标率评估阈值标准、鱼卵仔鱼密度评估阈值标准、近海渔获物的平均营养级指数变化率评估阈值标准、典型生境的最大受损率评估阈值标准、海洋赤潮灾害评估阈值标准、海洋溢油事故风险评估阈值标准
区域资源环境承载压力评价（P3）	海洋空间资源	岸线开发强度（岸线资源承载压力）、海域开发强度（海域资源承载压力）
	海洋渔业资源	海洋渔业资源综合承载指数（海洋渔业资源承载压力）
	海洋环境	海洋水质承载状况、海洋生物承载状况、海洋环境承载压力状况

将参与判定海洋渔业保障区开发适宜性方向的基础属性指标集成到对应评价层级的网格单元中，由单项资源环境要素评价集成求得的区域综合承载能力、综合承载压力指标，结合单要素适宜性评价结果，划分海洋渔业保障区开发适宜方向。依据划定的开发适宜方向、区域开发存在的短板及区域发展要求，以生态环境保护优先为原则，为后续资源开发与挖潜提供基础。

3. 重要海洋生态功能区

重要海洋生态功能区开发适宜性方向的影响因素包括海洋渔业一类资源要素和海洋环境一类环境要素，各资源环境要素的阶段性评价指标作为重要海洋生态功能区开发适宜性评价的基础属性指标参与开发方向的判定（表3-12）。

表3-12　重要海洋生态功能区基础评价单元属性指标

指标来源	要素分类	指标
资源数目与环境特征评价（P0）	海洋渔业资源	海洋渔业资源类型区
	海洋环境	海洋环境类型区
资源开发利用适宜性评价（P1）	海洋渔业资源	海洋渔业开发限制性类型、海洋渔业开发条件适宜性等级、海洋渔业开发经济适宜性等级、海洋渔业开发适宜类型区
区域资源环境承载能力评价（P2）	海洋渔业资源	可捕量
	海洋环境	海洋功能区水质达标率评估阈值标准、鱼卵仔鱼密度评估阈值标准、近海渔获物的平均营养级指数变化率评估阈值标准、典型生境的最大受损率评估阈值标准、海洋赤潮灾害评估阈值标准、海洋溢油事故风险评估阈值标准
区域资源环境承载压力评价（P3）	海洋渔业资源	海洋渔业资源综合承载指数（海洋渔业资源承载压力）
	海洋环境	海洋水质承载状况、海洋生物承载状况、海洋环境承载压力状况

将参与判定重要海洋生态功能区开发适宜性方向的基础属性指标集成到对应评价层级的网格单元中，由单项资源环境要素评价集成求得的区域综合承载能力、综合承载压力指标，结合单要素适宜性评价结果，划分重要海洋生态功能区开发适宜方向。依据划定的开发适宜方向、区域开发存在的短板及区域发展要求，以生态环境保护优先为原则，为后续资源开发与挖潜提供基础。

三、国土空间开发适宜性评价的方法程序

基于地理信息系统平台，国土空间开发适宜性评价采用主客观相结合的方法，对自然资源与环境单要素各阶段的评价结果进行汇聚，通过决策、聚类、统计确定区域的主体功能区；结合单要素分区结果和主体功能区的分区结果，评价区域综合承载能力和区域综合承载压力；针对国土开发过程中的约束和适宜程度，判断区域内各类国土空间适合进行开发的适宜性方向。方法程序主要包括五个步骤：单要素评价结果汇聚、区域主体功能区确定、区域综合承载能力评价、区域综合承载压力评价和开发适宜方向。

（一）单要素评价结果汇聚

对自然资源与环境单要素的评价结果进行叠置、聚类，并根据评价阶段的分区目标确定分区类型。对自然资源与环境要素在四个阶段的评价结果图斑单元进行叠置与聚类，即自然资源实物性状与环境特征评价、自然资源开发利用适宜性评价、自然资源与环境承载能力评价和自然资源环境承载压力评价。根据四个阶段的分区目标，参考海域、陆域的特征分异，确定单要素评价的分区类型，保证叠置、聚类获得的每一个分区内单一类型的资源、环境评价结果在分区条件下具有一致性。

（二）区域主体功能区确定

区域主体功能区的确定主要分为三个步骤：先对区域开发的单项主要用途进行决策，再对单要素评价的结果和分区进行聚类和分析，最终对聚类和分析结果进行统计，并将区域空间分为城市地区、资源地区、生态地区和农业地区四类。其中，在决策单项用途时，需要考虑生态或经济因素的优先性，对地表资源环境的开发利用和地下资源环境的开发利用的冲突进行考量和分析，并以国家战略层面为纲进行决策。当遇到同一类资源有多重开发利用方式时，需要同时权衡其利用适宜性和经济适宜性。

（三）区域综合承载能力评价

自然资源与环境承载能力类型区划分的具体步骤为：首先，基于适宜性和限制性评价中各类资源环境适宜性类型区划分的结果（综合网格单元），计算单要素承载能力；其次，

按照适宜性评价的聚类标准，对单要素承载能力再次进行聚类，得到综合承载能力类型区。其中，单要素承载能力评价是以土地资源、水资源、矿产资源、海洋资源、大气环境、水环境、土壤环境、地质环境和海洋环境等具体自然环境要素为研究对象的，综合承载能力评价是从区域整体角度进行的研究。单要素承载能力评价是综合承载能力评价研究的前提，综合承载能力评价研究是对单要素承载能力评价在区域尺度上的系统集成。

（四）区域综合承载压力评价

自然资源与环境承载压力类型区分为土地资源承载压力类型区、水资源承载压力类型区、矿产资源承载压力类型区、环境承载压力类型区、生态承载压力类型区。自然资源与环境承载压力评价继承于承载能力评价，自然资源与环境承载压力类型区由自然资源与环境承载能力评价结果聚类得到。具体步骤为：结合现状调查成果，计算资源环境消耗利用现状与其承载上限之间的差距（预警阈值区间），得到单项要素承载压力，应用短板理论判断综合承载压力。监测预警阈值的确定与承载压力的评估相辅相成。自然资源环境承载压力类型区的评价结果状态分为可载、临界和超载三种。

（五）区域资源环境开发适宜方向

依据评价区域所属类型分区的综合承载压力值，通过叠置分析，应用多因素综合分析法计算各个类型区的资源环境承载压力；根据各类区域的空间分布格局与综合承载压力值，由低到高划分为优化开发、重点开发、限制开发、禁止开发四类开发方向。开发适宜方向的划分以明确当前状态与临界状态为实际导向，确定开发与保护的趋势、方向及调整的幅度，对区域资源环境的后续发展、利用提供方向指引。

第四节　区域国土空间开发适宜方向分区

一、开发适宜方向分区的目的

国土空间开发适宜方向分区是根据不同区域的资源环境承载能力、现有开发强度和发展潜力，统筹谋划未来城镇化、人口分布、三次产业发展、生态环境保护等重大国土开发利用的空间格局。通过设立优化开发、重点开发、限制开发和禁止开发四类开发方向，将农业与生态环境保护、区域均衡统筹等重点问题进行充分融合。其目的是确定主体功能定位，明确开发方向，控制开发强度，规范开发秩序，完善开发政策，逐步形成人口、经济、资源环境相协调的空间开发格局。从空间规划编制理念的角度理解，主体功能区规划的本质还是空间"开发"差别化部署方案。这种以"开发"差别化为核心思路的空间组织模式，有助于进一步落实不同区域，各项城镇化、工业化及大型国土开发项目的差别化部署，是全面落实科学发展观、构建社会主义和谐社会的全新国土空间开发部署的战略方案。该模式有利于缩小地区间公共服务的差距，促进区域协调发展，引导经济布局、人口分布与资源环境承载能力相适应，促进人口、经济、资源环境的空间均衡。同时，这种模式也有利于从源头上扭转生态环境恶化趋势，实现资源开发利用的节约、集约，制定打破行政界限的政策措施和绩效考评体系，加强和改善区域调控。这种模式为编制其他相关重要规划提供了基本战略方向指引和宏观层次的政策支撑，具有跨时代的重要意义。

二、开发适宜方向分区的方法

国土空间开发的决策流程，总体上参考以《全国主体功能区规划》为代表的规范文件，明确自然资源及其他发展要素的实物量特征，明确规划利用区域内生态约束条件，并从利用适宜性、经济适宜性、社会与环境限制性三大层面认知区域内规划要素的适宜性与限制性，进而通过资源环境要素的承载压力现状，结合短板理论，综合判定各级国土空间的开发适宜方向。

（一）适宜性与限制性分区

在国土空间开发决策中，对于不同的资源开发利用方式需要分析其开发适宜性、经济适宜性及社会与环境限制性。适宜性与限制性分区是以资源环境承载能力评价和国土空间开发适宜性评价的成果为依托的，综合补充其他社会经济和技术方面的有利条件与不利影响，通过聚类确定不同利用组合下的适宜性分区与限制性分区。

在国土空间开发中，资源利用的不同组合方式还可能受到社会文化或其他方面的软性影响，从而改变其适宜性或限制性。因此，除资源的利用适宜性、利用限制性及经济适宜性评价外，其余层面的适宜性或限制性可忽略不计，直接对已有适宜性或限制性评价结果在资源环境本底数据基础上进行聚类；反之，则需要综合其他需要特别考虑的适宜性或限制性因素后，再进行聚类生成分区。

（二）主体功能分区

1.综合承载压力确定

区域资源环境的综合承载压力可通过汇总单项的、独立的资源环境承载压力得出，主要依据资源环境承载压力评价结果，结合具体的综合利用分区，通过叠置聚类的空间分析方法进行判定。针对陆域空间，单项承载压力主要包含土地资源、水资源、矿产资源，以及大气环境、水环境、土壤环境、地质环境等承载压力；针对海域空间，则有海洋空间资源、海洋渔业资源、无人岛礁资源及海洋环境等单项承载压力类型。

区域综合承载压力的计算是对区域内的资源环境类型分区子系统进行的。首先，对其单项承载能力的各项指标进行归一化处理，加权计算评价区域单项资源环境承载能力；其次，根据按照实际情况修正后的指标权重及各子系统的承载压力值，根据最小限制率，对压力值求最大值，得出区域的综合承载压力值。区域发展通常具有复合性，一个较大的区域内可能同时存在多种分区关系。因此，对综合承载能力进行计算有利于对多个关系进行综合考虑、全面评估，进而有利于在决策中客观认识相关的自然资源与生态环境的稀缺性，确定地区可持续发展的短板，便于对区域空间规划的后续完善方向进行决策。

2. 发展短板与效益影响

明确资源环境承载压力大小，有利于针对发展短板对规划做出预警，以实现国土空间总体布局优化。效益分析则须综合分析相应资源开发利用组合的预期经济效益与社会效益，从而确定开发的必要性。基于资源环境特征调查的本底数据、资源利用适宜性评价及资源环境承载能力评价的多阶段成果，对各类资源按照分区的承载能力大小进行排序，排位靠后的要素即为国土空间开发中的短板要素。对资源环境承载能力评价中的经济适宜性评价结果进行排序，是确定区域发展短板要素排序的简便方法。

3. 开发适宜程度分区

依据双评价阶段性评价结果能够确定区域自然资源环境类型分区，并结合承载能力评价指标、承载压力评价指标，完成区域综合承载能力及承载压力的计算。根据各类区域的空间分布格局、综合承载能力、承载压力最值，可以判断区域开发适宜方向。

三、开发适宜方向栅格化处理

国土空间开发适宜方向评价结果的空间离散通常采用栅格划分法。与矢量数据单元相比，栅格数据单元比较适用于空间建模、叠置分析和空间尺度分析等空间数据处理。栅格大小与评价质量、工作量的大小及评价结果的应用有着密切的关系。栅格大小根据不同的研究区范围确定，全国层级的评价网格建议以 500m×500m ～ 1000m×1000m 栅格为基本单元进行分项评价，省级（区域）层面的评价网格建议以 100×100m ～ 500m×500m 栅格为基本单元进行分项评价；市级、县级层面建议优先使用矢量数据进行分项评价，或市县、镇、村建议以 50m×50m ～ 100m×100m 栅格为基本单元进行评价。地形条件复杂或幅员较小的区域可适当提高评价精度。根据可获取数据情况，海域评价可适当降低评价精度，全国层级海洋资源建议格网大小为 1000m×1000m。

国土空间开发适宜方向栅格化处理流程主要包括：①输入栅格图层，包含四个属性特征，即自然资源类型与环境特征分区、自然资源开发利用的适宜性分区、自然资源与环境承载能力水平分区和自然资源类型与环境承载压力程度分区；②按照类型区、适宜性和限制性等专题特征进行聚类，生成主体功能分区图层，即陆域包括城市化地区图层、种植业地区图层、牧业地区图层、重点生态功能区图层，海域包括产业与城镇建设用海区、海洋渔业保障区及重要海洋生态功能区，其中每个图层的属性特征主要包括主体开发方向、生态约束、开发的适宜性和开发的限制性；③主体功能分区图层再汇总返回输入栅格图层及行政单元栅格图层，实现国土空间开发适宜方向分区结果的多层级统计，减少了运算的同时，还实现了国土空间开发适宜方向结果的可视化。

第四章 城市规划设计的基本理论

第一节 城市规划的定义

一、城市规划的作用

"规划"是为实现目标提出合理流程的工作。"城市规划"是构建城市,明确提出实现发展目标的方法流程。如果城市自然产生形成,经常维持在可预计的和谐的理想状态,就没必要进行规划。但是,近代城市规划作为应对城市问题的手段,需要秉承科学的态度对城市进行调查,如果放任城市不管,必将引发各种问题。还有一种说法是将城市发展比喻为生物的生长发育,认为城市发展也存在类似生物通过基因组合而生长的现象,如果组成城市的基因元素被破坏,将妨碍城市的正常发展。实际上,城市与生物不同,城市无须为了生长和发展而提前组合基因,通过规划这种流程组合即可开展正常活动和发展。即使在建设新城时,城市的建设也不是一次性完成,而是按部就班地开展工作,为了实现目标有必要进行规划。另外,现代的城市规划是以建设城市居民认可的城市环境为前提的,因此城市规划工作有必要以明确的城市形态为目标,并将实现目标的流程计划公之于众。但是,随着城市不断发展和变化,城市居民的意识也在发生变化,因此规划也并非实现本阶段规定目标就算结束了,新目标的产生和旧有目标灵活修正的规划流程在城市规划中起着重要作用。规划的时间跨度也需要对应短期、中期和长期的各项目标,尤其在中长期规划中,有必要为将来的城市规划留出修正余地。

城市规划被称为城市综合规划(Comprehensive Plan),是包括经济规划、社会规划、物质规划、行政财政规划的综合性概念,被定位为物质相关的规划。另外,城市规划的推行过程中,城市基本规划(Master Plan,表 4-1)是整体的依据和原则。基本规划普遍以 20 年作为长期目标实现期限,而且明确了 5 ~ 10 年的短期、中期阶段性规划完成年份。但是,城市规划不能全部实现基本规划中所示的规划目标,在制度上,实际应用的法定城市规划可以说只是实现物质相关的综合规划(城市基本规划)某一部分的手段。城市基本规划和法定的城市规划是实现城市建设目标的原则和保障。

表 4-1　城市基本规划应具有的条件

①规划的对象范围和约束力	作为基于城市规模，充分考虑其城市相关周边区域的规划，在土地使用方面并不具有直接约束力。但是，重要规划和公共设施的建设规划具备一定的约束力
②与重要规划和普通规划的关系	应充分考虑根据国土规划、地方规划提出的要求
③与其他规划的关系	充分整合经济规划、社会和福利规划、行政财政规划等非物质长期规划，作为城市综合规划的一环
④规划的目标与实现目标年份	明确抓住城市的未来目标，通常其实现目标年份在 20 年后，中间年份为 10 年后。但是，因规划内容目标年份存在差异，存在迫不得已的实际问题的情况
⑤实用性	为实现城市目标，通过土地使用，设施的种类、数量和配置，表现作为城市各种活动场所的城市空间现状的综合性规划
⑥可实现性	虽然没有必要被现行制度采用，但在规划理论上具有一贯性，在实现的方法上具有一定的可行性
⑦规划的内容	规划内容不必要详尽，属于具有概括性和弹性的规划，不应超出基本框架
⑧创意性和区域性	贯穿整体的构想创意十足，而且是充分利用地方性和区域性的规划
⑨表现的简洁和明快性	规划表现明快简洁，连普通居民都易于理解规划意图，具有说服力
⑩流程的属性	经常根据新信息对基本规划进行部分修正。通常每 5 年就开展新调查，并对规划进行再次研究，然后修正规划。即规划属于流程本身
⑪与专业相关领域的合作	在制订基本规划时以城市规划的专家为主，在建筑、土木、庭园兴建等领域，以及社会、保健、福利等相关领域，需要与县、市镇村的行政负责人共同协作

但是，为什么城市规划需要基于法律制度的保障呢？因为城市规划必须顾及个人和集体的所有利益。城市基本上是由行动目的各异的个人集合形成的高密度群体社会。各群体成员为了相互毫无障碍地共同生存，要求具有群体应有的行动标准。因此，有必要"公共福利（《中华人民共和国城乡规划法》第 1 条）"优先，并对个人随心所欲的自由行为（居住、营业、土地使用、开发）加以制约。在日本，为了对违反公共利益的个人行为进行限制，在法律中将"公共福利"进行制度化。为了实现土地使用和开发行为的社会公平性，法定城市规划可以说是根据法律制度制订的规划。

二、城市规划区域

法定城市规划适用于作为行政城市的"城市行政辖区"。但是，如果城市活动或市区的范围超过城市行政辖区，在乡村区域也具有城市环境的特征，并由于新开发而被城市化，或被作为新城进行大规模开发的区域也与城市行政辖区一样，有必要被指定为"城市规划区域"。有的是一个行政区域，有的是横跨两个以上市镇村的行政区域，后者被称为广义城市规划区域。在《中华人民共和国城乡规划法》第 5 条中，"城市总体规划、镇总体规划以及乡规划和村庄规划的编制，应当依据国民经济和社会发展规划，并与土地利用总体规划相衔接"。即根据城市化实际情况和趋势对城市规划区域进行整合的同时，将行政区域指定为基本单位。为了有效开展和应用城市的行政财政规划，可以说城市规划区域是根据方便情况而决定的区域，有必要在基本规划中明确城市区域的实际范围。因此，法定城市规划和城市基本规划的联动十分重要。

三、法定城市规划的内容

土地和空间规划（Physical Planning）目的在于在城市规划区域内合理利用土地。土地上必然存在权利，土地所有人通过利用土地，可享受生活和经营活动的便利性和利益。但是，为了在合理性和功能性范围内开展城市整体活动，有必要对不合理的土地使用加以限制。与以"不规划就不开发"这样一种欧美的"建筑不自由"为前提的规划思想对比，日本的城市规划过度尊重土地的所有权，而导致规划行业中存在绝对尊重以"建筑自由"为前提的开发和"既得权"的风潮。由于受到法律保护的土地使用限制，城市风貌陷入困境也是事实。但是，通过制定的"区域规划制度"，之前在城市规划中未予以规定的地区级别规划也逐渐按照城市规划进行两种方式的规定，之后，多种区域规划制度得以完善。

通过区域用地制（zoning），对土地使用进行限制和引导的同时，利用出于公众利益目的规划和设置的城市设施以及土地规划整理等街区开发，使法定城市规划得以成立。这些规划内容在城市规划图中表现出来，利用线条和颜色在规划图指定的各范围内，根据土地使用目的对用途、建筑密度、容积率等进行限制和引导开发的相关行为。

四、建筑和城市规划

基于法定城市规划的"限制和引导"内容对不同地块的建筑单体的用途和形态进行限制。根据基于《中华人民共和国建筑法》的规定，建筑单体必须满足健康性、持久性、防灾性、安全性、居住性等性能。另外，通过设计文件审查或竣工检查，保证建筑的各项指标是在规划许可范围内的。对新建或者改造的建筑单体比较集中的区域，《中华人民共和国城乡规划法》和《中华人民共和国建筑法》同时进行管控，街区要受到上述两项法规的限制。

但是，基于土地经济利益最大化的个人出发点和公共利益最大化的城市规划出发点并不一致，就导致了可能出现的一系列矛盾。例如，在基于防灾立场拓宽狭窄道路、为改善高密度居住环境而推动共同住宅化、街区发展过程中因设立公共设施而占用私宅用地、确保现有街区内的新公园和绿地空间等方面，都需要调整城市公共利益和个人利益之间的矛盾。

根据城市规划，应以公众利益为优先，应对基于各利害关系的建筑行为和土地使用进行规定。

根据以用途区域制为主的法定城市规划，要努力实现应以公众利益为优先的城市规划理念。另外，根据《中华人民共和国建筑法》的规定，各建筑行为要在用途、规模和形态上符合《中华人民共和国城乡规划法》的要求。应利用规划制度和建筑标准对建筑单体的用途、规模、形态、创意进行限制和诱导。公众利益优先的意识是作为公民的城市居民应具备的素质，民众通过了解建筑单体在城市中扮演的角色，明白了对建筑私权的主张不可逾越城市规划的限定范围，同时也对建筑和城市规划之间相互补充、相互支撑的关系有了了解。因此，建筑的建造，尤其是住宅的建造都要以人的舒适性为核心标准。

第二节　城市规划的理念

一、规划目标和理念

由于"规划"这种行为具有特定的意图和目的，明确意图和目的是规划的出发点。城市规划工作的流程，首先要确定规划领域，接着就是设定规划目标（Planned goal）。规划目标并不仅仅取决于空间规划的领域范围，而且在重要规划（国土级别的规划和广义规划等）层面，从城市政策的立场出发，去推定未来城市的规模和形态（人口和产业等），而这一切也需要立足于城市的实际情况和良好的城市规划理念。

规划目标设定后，要确定目标实现的方法，从可能的几个方法（预案）中，经过基于一定价值标准的评估，制订实现目标的规划。

在城市规划中，针对不同的领域和范围设定了较多的具体目的（objectives），针对其细节，基于技术立场制订单项规划，并努力实现整体的目标。为了统筹各方意见，基于客观立场搭建有效的多元参与机制是十分有效的。在规划之前需要确立的规划理念就是对不同领域规划的统筹及标准的制定。

在所有的城市规划中，规划理念不应只是被抽象化，一定要基于成熟的思想体系。但是，如果城市规划涉及众多主体，实现需要较长时间，就会很容易偏离初衷，成为达成其他目的的手段，所以在城市基本规划中，最好要明确基本理念。并且这种理念并不只是抽象的规划哲学，还包括了具体的创意和空间概念，明确表现规划概念（concept）的一面也十分重要。

二、理想城市和城市规划

城市规划中包括了问题解决类型和理想追求类型这两种实现方式。在前面已提及基于行政城市规划制度的城市规划是前者的实现方式，建筑师等制订的理想城市规划是后者的实现方式，但是，在理想城市规划中，既存在空想文学表现的内容，也存在正视现实城市的思考并提出具体的改善方案的内容，近代城市规划的黎明期中，理想城市规划扮演了重要角色。现如今，随着社会的发展变迁，现代城市规划理念已无法照搬理想城市规划的理念，但是在考虑城市规划理念之际，了解理想城市理念形成的历史可以成为解决当下问题的重要参照。另外，即使在行政城市规划中，明确理念对推进规划也是意义重大。

城市规划在解决现实问题和追求理想中不断发展，时至今日也有必要从这两方面来重新审视规划的理念。

三、现代城市规划的理念

城市规划的理念因城市规模和发展阶段、规划的紧急性和直面问题等因素而存在差异，根据城市规划的历史背景，各项规划设定了一些具有普适性的内容框架。在此，根据六个关键词对上述内容进行了整理。

（一）生活的丰富性：市民生活优先的宜居城市

为城市的生产生活提供良好的物质环境是城市规划所追求的最低限度条件，近代城市规划发展过程中秉承社会改良思想的理想城市理念，均以确保卫生环境和"居住""工作""休息"等生活基本功能为理念。世界卫生组织（WHO）以生活环境的四项要素——安全性（safety）、健康性（health）、便利性（convenience）、舒适性（amenity）作为城市规划的目标。如今人们注重舒适性，确保让市民深感丰富性的物质生活质量（quality of life）成为社会目标。从物质环境质量的侧面来看，城市规划在提高居住水平和增加区域福利等方面起到了巨大作用。

（二）功能性的城市活动：促进经济稳定发展，功能性构建高效城市

人性化社会改良思想促进近代城市规划发展的同时，国际现代建筑协会（CIAM）的"功能主义"和盖迪斯的"科学的城市规划论"等对城市功能性和合理性的追求也形成近代城

市规划的又一个基本理念。随着科技和产业发展，这些理念形成了城市规划的方法论基础，人们反省优先发展经济导致城市欠缺对人的关怀，所以当下的城市规划强调人性化优先的原则。但是，发展产业和经济、确保稳定的就业率和经济收入是城市政策和区域政策的主要课题，也是形成丰富生活的基础。根据科学规划，建设城市完善的基础设施和实现合理的土地使用，平衡生活和生产之间关系，使二者有机地融合协调，确保城市活动有效开展，也是未来城市规划所追求的内容。

（三）与自然共生：被丰富自然包围着且富有温情的城市

自然是人类存在发展的基础，城市和作为粮食生产基地的农村之间的和谐是埃比尼泽·霍华德爵士（Sir Ebenezer Howard，1850—1928）《明日的田园城市》以来的城市规划的主要课题。城市的开发和发展伴随将自然环境改造为人工环境的过程。在保证粮食生产之外，城市内外的自然还承担起保护城市环境和提供休闲空间等多种功能，是人们生活中不可或缺的元素。在城市规划理念方面，保持开发和环境保护的平衡，实现包围城市的农村和森林等自然环境与人工环境的和谐与共存，在城市内部确保更多的自然空间也十分重要。同时力求周边区域和更大范畴的自然资源的整合，更具全球性的环境政策具有其必要性。

（四）城市的自律性：以市民参加为根本，以完全自治方式运营的城市

城市的自律性也是霍华德在《明日的田园城市》中所提的规划理念的支柱之一。为了应对不断变化的环境对城市的影响，保证市民生活的舒适性，自律性必不可少，因此，有必要在城市中确保可自给自足的功能。但是由于现代城市之间以及城市和乡村之间的无边界特征和城市生活对农业的依赖，城市完全的自给自足应该无法实现。市民作为城市生活的主体，是决定城市环境的主要因素，因此市民的自律性十分重要，这与自治理念相关。此前，城市的合理规模论被较多提起，还有人提出了将具体的城市规模作为理想城市的规模理念，利用城市规模的扩大和不同片区之间的连接，在远超可自律控制范围的当今城市中，究竟以何种方式实现城市的自律性理念，随着地方自治的推进，这成为迫切需要再次思考的课题。

（五）多种价值：珍惜区域文化和历史且包含多种价值的个性城市

与经历长久时间沉淀的城市相比，人为规划形成的城市在历史文脉、人性和趣味性方面有所欠缺。城市更新也切断了此前构建起的深厚人际关系和记忆的传承，平添了新的荒芜。虽然如今对地域特色和历史文脉的重视已经成为城市规划的理念形成共识，但究竟如何将近代的城市空间和历史进行结合并创造出未来新的地域特色，正在借助一个个规划实

践进行摸索。城市是持有不同价值观的众多主体共享一定空间并共存的场所，需要在相互尊重并构建共存关系的环境中创造出全新的城市个性。

（六）空间的创造：拥有美丽街道和令人印象深刻的景观的魅力城市

在城市空间中构建具有美感的形态秩序是人类原本的欲求，纵观全球城市建设历史，对城市美感的追求是有计划性地构建城市的动机之一。尽管因权力的威力等因素造成背景差异，但时至今日，历史城市所特有的秩序的街道和令人印象深刻的珍贵文化遗产依然令我们感动。卡米洛·西特（Camillo Sitte，1843—1903）对这种历史城市的空间组成原理进行分析，为近代城市规划的方法论提供依据，凯文·林奇（Kevin Lych，1918—1984）通过抽取人们对城市所持有的空间概念，尝试设计出易于理解的并具有美感的城市。在这种理论研究不断进步的同时，理论家和建筑师也提出了城市空间的形态概念，二者同时形成实现规划的巨大推动力。到今天，营造富有魅力的城市景观仍是城市规划的主要主题，而以实现这种理想为目的的城市设计起着极大的作用。

第三节　城市设计的基本原理与方法

一、城市设计概述

从古代到工业革命，城市规划和城市设计基本上是一致的，附属于建筑学。第二次世界大战之前的城市重建为以 CIAM 为代表的现代主义建筑师提供了舞台。然而，20 世纪60 年代以后，西方工业文明已达到顶峰，在科技进步带来了极大社会繁荣的背后，是人类对生活环境在生活秩序和社会文化等层面的更高层次的追求。在城市设计领域，以功能分区为基础的现代主义城市设计模式忽视了城市原有的复杂社会文化因素，在大规模的城市开发建设过程中破坏了城市原有的结构和秩序，因此遭到人们的反思和批判。

在对现代主义的反思和批判过程中，城市规划与城市设计逐渐各有其不同的侧重点。城市规划不再单纯地考虑物质形体空间，而着重研究在不同社会经济关系下以土地为载体的城市空间资源分配。而以城市生活空间的营造为目标的城市设计更多地承担了城市物质空间环境设计的任务。但此时的城市设计也由单纯的物质空间的塑造，逐步转向城市文化的探索；由城市景观美学转向具有社会学意义的城市公共空间及城市生活的创造；由巴洛克式的宏伟构图转向对普遍环境感知的心理研究。于是出现了一批城市设计学者，开始从社会、文化、环境、生态各种视角对城市设计进行新的解析和研究，并发展出一系列的城市设计理论与方法。

二、城市设计基本理论

（一）城市设计与城市规划的关系

从古代至第二次世界大战前，城市设计和城市规划实际上融为一体，没有区别。第二次世界大战后，城市设计逐步脱离城市规划和建筑学而成为独立学科。一般把 1960 年哈佛大学开设城市设计学位课程作为现代城市设计诞生的标志。

城市规划与城市设计所关注的对象均是城市，故两者之间关系非常密切。一方面，城市设计是城市规划的延伸、深化和补充，它是城市规划和具体建筑设计之间的"桥梁"，是规划转向建筑设计的必要中介过程，起着将两者连接和协调的作用。另一方面，城市设计的观念和思想贯穿于城市规划全过程。目前，城市详细规划（尤其是控制性详细规划）日益与城市设计相结合，以便更好地引导城市建设和发展，使其为人们创造舒适、优美、具有地域及文化特色的城市空间环境。总体上说，城市设计是与建筑和城市规划紧密联系的学科，它可以表现为建筑立面、街道广场的设计，也可以是街区、整个城镇或城镇区域等的规划设计。城市设计工作还涉及城市区域构成的问题。

城市规划主要是作为政府公共政策的一部分，以相关法律、法规、规范为支撑，更多体现的是政府宏观决策及社会、经济发展目标取向，更多强调的是政策性、法规性和社会性。更多以物质环境和空间资源的安排和配置为核心，主要作为城市管理的依据。它较少涉及与人的感性和活动相关的环境场所问题。规划注重社会经济技术因素，其主要运作媒介是技术指标和工程问题，理性逻辑是其主要属性。战后西方国家尤其是北美国家，城市规划的重点已从原来的土地利用及空间资源、公共与市政基础设施的具体安排配置转向公共政策、社会经济协调等根本性问题，其政策性体现得更加明显。

而城市设计以城市空间环境及其构成要素作为基本研究对象，以具体鲜活的人为根本出发点，满足人的需求，以人的心理、生理行为为依据，从城市居民的日常实际需要与感受出发，关注城市空间环境的感性认识（尺度感、场所感、归属感、历史文脉）及其对人们行为、心理的影响，更多研究城市物质形态环境文化，审美、实用等方面的需要与对策。城市设计侧重城市中各种关系的组织，如建筑、交通、开放空间，绿化体系、文物保护等城市各子系统交叉综合、联结渗透，强调在三维的城市空间坐标中化解各种矛盾，并建立新的立体空间形态系统。城市设计具有艺术创作的属性，以视觉秩序为媒介，容纳历史积淀，体现地区文化，表现时代精神，并结合人的感知经验建立起具有整体结构性特征，易于识别的城市意象和氛围。现代城市设计具有鲜明的创造性特征，可以说，城市规划更理性一些，而城市设计更感性一些。

（二）绿色城市设计基本理论

1. 坚持以人为本的理念

在城市规划和设计中为了实现人与自然的和谐统一，首先应该在一定的空间范围内建立较为有序的自然状态，通过对城市空间的合理分类规范，实现对人类生存发展的有效推动意义，并通过分层次有梯度的规划设计方案实现城市自身的和谐稳定发展；其次要注重在城市进行环保设施建设中环保制度的推进和城市环保方案的落实以及城市建筑设计对人类健康的实际影响和作用。

2. 坚持做到生态保护

发展绿色城市设计理念的初衷即是实现对于自然和生态的有效保护，让人类在获得经济利益的同时通过对环境的有效保护和个人生态理念的提升实现长足发展，所以在构建绿色城市时也应当充分体现人类与生态环境的共同成长、共同发展概念，坚持在进行设计时考虑周边的生态环境、自然环境与人类的关系，如植物覆盖率、水资源质量和人类生产活动之间的关系，充分考量到在实现个人可支配的实际居住面积和空间不变的情况下对日常生活资源的有效控制，积极应用相应的自然生态植物与城市发展设计有机融合，做到城市各区域之间的科学配比和有效功能性，将人类日常生产生活活动的面积、质量、行为方式与可用绿地进行有效、科学、合理的交互设计，尽量保证人类生产的正常运转对可消耗能源的合理利用以及自然生态的健康发展，使得原有的生态环境、生态状况和城市有序发展活动得到共同维护，只有敬畏自然、尊重自然才能在保护自然环境的同时实现个体的成长。

3. 坚持推进节能减排

人类社会的进步、经济的发展、文明的推进离不开对自然资源的消耗和应用，以及需求量的逐年攀升，但大部分自然资源作为不可再生资源，对其过度地开采利用只会为城市发展带来更大的压力，并破坏原有生态结构，最终导致人类发展和城市建设的落败。所以在进行绿色城市设计过程中，应当坚持节能减排的原则，构建可以循环利用自然资源的城市发展系统。一方面，在进行建筑设计规划时选用可再生的资源，如太阳能、风能、水能等，在合理利用和开发时既保证人类生产生活的稳步推进，又降低对于自然界的伤害，实现能源的循环利用与开发；另一方面，要适当开发、研究、应用新型能源替代传统型、不可再生型、污染型能源，如在设计汽车发动模式、进行居住采暖设计时可以应用太阳能、电能等方式替代其他能源，既可以减少原有能源对环境的污染，又可以促进人类创新意识和科学思维的提升，以绿色带动循环发展。

4. 坚持一般性城市设计原则

在进行绿色城市的设计时，还需要坚持一般性城市设计的原则和方向：首先，要保证城市整体规划，如道路开发、小区设计、城市湿地公园等的有效规划，可以保证城市和谐稳定安全地运转，更在各城市规划布局的相互协同促进作用下实现活力型城市、发展型城市、生态型城市的建设；其次，要通过人类活动与人类生活生产场所的双向沟通与使用交流提升人类在城市中的体验感，可以明确感知到社会城市各功能性区域的发展和应用，感知到个体在发展中的重要意识，提升个体的实际参与意识和参与意愿；最后，在进行城市设计时要通过城市不同区域、不同空间、不同功能设施的设定与安排，保证人类活动和空间之间可以相互作用、相互影响，产生积极、舒适的生活体验感，帮助人类在进行生产实践、参与生活规划时可以得到心灵层次和心理层次的满足。

三、城市设计的要素与类型

（一）城市设计要素

在城市设计领域中，"城市中一切看到的东西，都是要素"。建筑、地段、广场、公园、环境设施、公共艺术、街道小品、植物配置等都是具体的考虑对象。作为城市设计的研究，其基本要素一般可以概括为以下几方面：土地使用、建筑形态及其组合、开敞空间、步行街区、交通与停车、保护与改造、城市标志与小品、使用活动等。

1. 土地使用

土地使用决定了城市空间形成的二维基面，影响开发强度、交通流线，关系到城市的效率和环境质量。作为空间要素，考虑土地使用设计时要注意到：①土地的综合使用；②自然形体要素与生态环境保护；③基础设施建设的重要性。

2. 建筑形态及其组合

建筑及其在城市空间中的群体组合，直接影响着人们对城市空间环境的评价，尤其是对视觉这一感知途径。要注重建筑及其相关环境要素之间的有机联系。

3. 交通与停车

交通是城市的运动系统，是决定城市布局的要素之一，直接影响城市的形态和效率。停车属于静态交通，提供足够的同时又具有最小视觉干扰和最大便捷度的停车场位，是城市空间设计的重要保证。

4. 开敞空间

开敞空间指城市公共外部空间（不包括隶属于建筑物的院落），包括自然风景、硬质景观（如特色街道）、广场、公共绿地和休憩空间，可达性、环境品质及品位、与城市步行系统的有机联系等是影响开敞空间质量的重要因素。

5. 步行街区

步行系统包括步行商业街、林荫道、专用步行道等，人行步道是组织城市空间的重要元素。需要保障步行系统的安全、舒适和便捷。

6. 城市标志和小品

标志分为城市功能标志和商业广告两类。功能标志包括路牌、交通信号及各类指示牌等；商业广告是当今商品社会的产物。从城市设计角度来看，标志和小品基本是个视觉问题，二者均对城市视觉环境有显著影响。根据具体环境、规模、性质、文化风俗的不同综合考虑标志和小品的设计。

7. 保护与改造

城市保护是指城市中有经济价值和文化意义的人为环境保护，其中历史传统建筑与场所尤其值得重视。城市设计中首先应关注作为整体存在的形体环境和行为环境。

8. 使用活动

使用行为与城市空间相互依存，城市空间只有在功能、用途使用活动等的支持下才具有活力和意义。同样，人的活动也只有得到相应的空间支持才能得以顺利展开。空间与使用构成了城市空间设计的又一重要因素。

各个设计要素之间不是独立的，在进行城市设计时，要综合考虑各个要素的组织和联系，使之成为有机的整体。

（二）城市设计实践类型

从城市设计实践方面来说，可以将城市设计大致分为三种类型：开发型、保存与更新型和社区型。

1. 开发型城市设计

此类城市设计是指城市中大面积的街区和建筑开发、建筑和交通设施的综合开发、城市中心开发建设及新城开发建设等大尺度的发展计划。其目的在于维护城市环境整体性的公共利益，提高市民生活的空间品质。通常由政府组织架构实施。例如，华盛顿中心区的城市设计、英国新城开发建设、上海浦东陆家嘴城市设计等，均属此类城市设计类型。

2. 保存与更新型城市设计

保存与更新型城市设计通常与具有历史文脉和场所意义的城市地段相关，强调城市物质环境建设的内涵和品质。根据城市不同地段所需要保护与更新的内容不同，又有历史街区、老工业区、棚户区等具体项目。不同项目存在的问题不同，保护更新的方式方法则不同，需要具体项目具体分析，因地制宜地解决问题。

3. 社区型城市设计

社区型城市设计主要指居住社区的城市设计。这类城市设计更注重人的生活要求，从居民的切身需求出发，营造良好的社区环境，进而实现社区的文化价值。

第五章　城市居住用地规划

第一节　城市居住用地规划概述

一、城市居住用地的概念和分类

（一）城市居住用地的概念

城市是人类的定居地之一，而承担居住功能和居住活动的场所，称为居住用地。

城市居住用地泛指城市中不同居住人口规模的居住生活聚集地，是由建筑群、道路网、绿化系统、对外交通系统以及其他公共设施所组成的复杂综合体。它在城市中往往集聚而呈地区性分布。

（二）城市居住用地的分类

1. 按照用地组成划分，居住用地分为住宅用地、公共服务设施用地、道路用地和公共绿地

居住用地是城市用地的主要组成部分，在城市中往往集聚而呈地区性分布。居住用地一般包括住宅用地以及与居住生活密切相关的各项公共设施、市政设施等用地。由于城市的规模、自然条件、建设水平以及居民生活方式等因素的差异，不同地区的各种用地功能项目和占有比例会有所不同，但基本上可以归结为以下四类：

住宅用地指住宅建筑基底占有的用地及其四周的一些空地，其中包括通向住宅入口的小路、宅旁绿地和杂务院。

公共服务设施用地指居住区级、小区级或组团内各类公共服务设施建筑物基底占有的用地及其四周的用地，包括道路、场地和绿化用地。

道路用地指住区内各级道路的用地，包括道路、回车场和停车场用地。居住区级道路是划分小区或组团的道路，组团级道路是组团内部干道，住宅组团道路是连接一组住宅的道路。

公共绿地指居住区级、小区级及其组团内的公共使用绿地，包括居住区级公园、小区

级小游园、小面积和带状绿地，其中包括儿童游戏场地、青少年和成年老年人的活动和休息场地。

为了便于城市用地的统计，并与总体规划图上保持一致，《城市用地分类与规划建设用地标准》（GB 50137-2011）规定，居住用地是指住宅和相应服务设施的用地。

2. 按照用地质量划分，居住用地可分为一至三类居住用地

城市居住用地按照所具有的住宅质量、用地标准、各项关联设施的设置水平和完善程度，以及所处的环境条件等，可以划分成若十用地类型，以便在城市中能各得其所地进行规划布置。我国的《城市用地分类与规划建设用地标准》（GB 50137-2011），将居住用地分成三类（详见表 5-1）。

表 5-1　中国居住用地分类

类别	说明
一类居住用地（R_1）	设施齐全、布局完整、环境良好的低层住区用地
二类居住用地（R_2）	设施较齐全，布局较完整，环境良好的多、中、高层住区用地
三类居住用地（R_3）	设施较欠缺，环境较差，需要加以改造的简陋住区用地，包括危房、棚户区、临时住宅等用地

3. 按照人口规模划分，居住用地可分为居住区、居住小区和居住组团

居住区是指被城市干道或自然界线所围合，并由若干个居住小区和住宅组团组成，其中大城市居住区规模为 3 万 ~ 5 万居民。

居住小区是由城市道路或城市道路和自然界线划分的、具有一定规模的并不为城市交通干道所穿越的完整地段。居住小区一般由若干个居住组团组成，应配备有日常生活所需要的公共服务设施，如中学、小学、幼儿园、托儿所、居民委员会及商业服务设施，能够形成一个安全、安静、优美的居住环境。

居住组团相当于一个居民委员会的规模，一般应设有居委会办公室、卫生站、青少年和老年活动室、服务站、小商店、托儿所、儿童或成年人活动休息场地、小块公共绿地、停车场库等，这些项目和内容基本为本居委会居民服务。其他的一些基层公共服务设施则根据不同的特点按服务半径在居住区范围内统一考虑，均衡灵活布置。

二、城市居住用地规划的概念

居住用地规划是满足居民的居住、工作、文教、生活等方面要求的综合性建设规划，是城市详细规划的主要内容之一，主要对居住用地的布局结构、住宅群体布置、道路交通、

公共服务设施、绿地和活动场地、市政公共设施和市政管网等各个系统进行综合、具体的安排。

居住用地规划是指在一定的区域范围内，对居住用地进行总体宏观分析，确定其性质、规模、发展方向和布局等项目，以满足人们日常的居住、休憩、教育、健身等生活需求。

随着城市发展日益加速，城市居住用地规划也愈显重要，良好的居住区用地规划可为居民提供环境优美、交通方便、教育发达、市场繁荣的生活居住条件，也反映了一个城市较高的社会经济和科学文化水平。

三、《城市居住区规划设计标准》对城市居住用地规划的影响

（一）设计理念的转变

《城市居住区规划设计标准》（GB 50180-2018，以下简称《标准》）提出了一种新的概念"生活圈"，将《城市居住区规划设计规范》（2016 年版）中"居住区、居住小区、居住组团"的分级的方法取代，其中，改变最大的是以人的步行出行为出发点，对配套生活设施进行分级设置，符合居民应在一定的步行时间内实现生活需求的理念，便于引导居民区的配套设施合理设置，促进公共活动所需空间的合理布局，充分体现了以人为本的发展理念。生活在城市中的居民，一般都希望能够步行 5min 或 10min，最多 15min 到达配套设施，以满足日常中不同程度的需求，包括物质需求与文化需求。根据居民出行的步行基本规律，其主要集中在 300m、500m、1000m 的范围内，据此，《标准》将居住区划分为三类，即 5min、10min 以及 15min 生活圈居住区，根据居住用地的土地开发强度，对应的居住人口规模分别为 5000 ~ 12 000 人、15 000 ~ 25 000 人、50 000 ~ 100 000 人。《标准》指出，居民的日常生活需求应在 5min 生活圈内解决；居民基础生活的物质需求和基本文化需求应在 10min 生活圈内解决；较大程度的居民物质和基本文化需求在 15min 生活圈内解决。更改后的分级制度更有利于和现行的管理体制衔接。例如，5min 生活圈可以与社区居委会对接，管理社区服务的机制也较为完善；15min 生活圈的居住区对接基层政府街道办事处，形成了良好的社区居民生活圈服务体系。

（二）"小街区、密路网"的设计原则

《标准》指出，2 ~ 4hm² 是基本的生活单元，定义为居住街坊。对接"小街区、密路网"，落实"开放街区"和"路网密度"（不应小于 8km/km²），《标准》规定城市的道路间距不应超过 300m，最优的距离在 150 ~ 250m。此类措施使居民出行时更加便利，步行时间有效缩短，例如，调整路网密度后，居民步行至公交站点的距离将更短，城市中的支路更能让生活在周边的居民共享，可以使城市中交通拥堵的情况得到一定程度的缓解，有利于

构建尺度更适宜居住的生活性城市街道，打造复合共享的社区生活圈模式，提高居民的生活品质。

（三）住宅建筑最大高度应控制在80m，容积率相应下调

《标准》对城市居住区进行了强度分区，目的是塑造更加合理的城市居民生活空间，不建议超高强度的开发，也不鼓励建设高密度、大面积的高层住宅建筑，对住宅用地容积率和建筑高度的上限值进行了调控，新建高度超过80m的住宅建筑将被严格控制。控制建筑容量和人口密度的合理分布对城市有积极的影响，同时，可以缓解交通堵塞情况，减轻城市基础设施的负担，分担公共服务配套设施的压力。与此同时，调整管控方法的目的更体现在避免城市建筑"高低配"现象的出现，例如，《城市居住区规划设计规范》（2016年版）只限制建筑容积率，在同一容积率下可形成多种建筑组合形式，《标准》修改后，建筑高度、容积率、建筑密度和绿地率同时管控的方法，严格限制了"高低配"等怪异建筑组合形式的出现。

（四）强调对弱势群体的关爱

《标准》规定，居住街坊应设置可以供老年人和儿童作为户外活动场地的集中绿地，各项尺度都有明确标准，以确保社区内居民在家附近就能进行户外活动；居住区内的步行系统应设置无障碍通道与无障碍设施，同样地，老年人和儿童的活动场所也应满足无障碍设计要求。《标准》还规定集中绿地应设置的条件。居民居住区中的文化体育活动所需的设施，包括小型活动场地、文化活动站和室外多功能健身场地，是社区服务设施中重要的内容，而儿童、老年人和残疾人是社区文体设施的高频率使用者，自身的活动能力又有一定的限制，进行规划设计时，需要重点考虑该群体对文体设施利用的需求，应对其使用特征予以关注。在居住社区中，为特殊人群创造适合其生活的人性化空间，从整体到细部，进行生活场景的塑造，保证老人的健康和娱乐需求得到满足、儿童的成长需求得到引导和保障、残疾人的日常生活得到便捷和尊重。例如，5min生活圈须配套：公厕、社区服务站、文化活动站、卫生服务站以及日间照料中心，总用地面积560～920m^2，建筑面积1350～3300m^2；体育场地：运动场和健身场用地面积920～2060m^2。

第二节　城市居住用地规划的主要内容

一、城市居住用地规划的任务

中国幅员辽阔，不同地区在气候、地理环境、民族文化、风俗习惯方面都有较大的差别。居住用地规划应当充分利用这种差别，在平面布局、建筑造型以及建筑结构上继承传统民居的特点，加以创新，充分体现当地的地域特色。同时，居住用地规划也应当注重住区文化氛围的创造，利用优秀的历史文化资源，创造出富有地方特色的人文景观和居住区环境，为居民创造充实的精神家园。

简言之，居住用地规划的任务就是为居民经济合理地创造一个能满足日常物质和文化生活需要的安全、卫生、方便、舒适、优美的居住生活环境。其中：

安全——对防火、防震及交通安全有周密的考虑，创造安全的居住环境。

卫生——居住用地内有完善的给排水、煤气、供暖等系统，空气清新，无有害气体与烟尘污染，日照充足，通风良好，无噪声，公共绿地面积较大。

方便——居住用地的布局要合理，公共建筑与住宅之间应联系便捷。各项公共服务设施的规模和布点恰当，方便居民使用。道路系统和道路断面形式合理，人车分流，互不干扰，有足够的停车场地。

舒适——要有完善的住宅、公共服务设施、道路及公共绿地。服务设施项目齐全，设备先进，并且有宜人的居住环境。

优美——居住用地应布置有赏心悦目、富有特色的景观，建筑空间富有变化，建筑物与绿地交织，色调和谐统一。

二、城市居住用地规划的主要原则

居住用地规划是一项综合性很强的工作，它不仅涉及工程技术问题，还广泛涉及社会、经济、生态、文化、心理、行为以及美学等领域。居住用地的规划设计是为居民营造适于安居的居住环境，所以必须坚持"以人为本"的原则，贯彻可持续发展的理念，注重人与自然的和谐。

城市居住用地规划的主要原则可归纳如下：

（一）整体性原则

整体性原则包括两方面：第一，居住用地规划必须服从于城市总体规划，符合相关法律法规对于用地规模、用地性质、用地限制等方面的规定，保持城市的总体功能、空间组合等各方面的整体协调。第二，居住用地内部必须保持整体性，对整体环境的空间轮廓、群体组合、单体造型、道路骨架、绿化种植、地面铺砌、环境小品、街道家具、整体色彩等要素应从整体的角度统一。

（二）经济性原则

房地产作为一种昂贵的商品，规划设计者应将经济性着重加以考虑。居住用地规划应从用地、用材、用料、日常维护等各方面尽可能地做到节地、节能、节材、节约维护费用等。

（三）科学性原则

居住用地规划应利用适宜的规划理论，遵循相关的用地和环境等的规范和标准，依靠科技和理论的发展进步，大力研究和应用新技术、新材料、新工艺和新产品，不断改善住宅区的功能，完善居住用地的质量，增加经济与环境效益。科技进步对住宅产业现代化起着重要作用。

（四）生态性原则

居住用地的生态质量对改善整个城市生态环境起着重要作用，所以，在进行居住用地规划时，应当以可持续发展的理念，充分注重人与自然的协调关系，从居住用地的景观、用材、耗能、节能、循环利用等多个方面加以研究，设计、优化居住用地的生态环境及其环保效能。

（五）地方性与时代性原则

居住用地规划要结合当地的气候、地理条件、人文风俗、生活习惯、建筑材料等多方面的因素，注重当地的历史文化传统，并加以继承和发展，既要继承，又要创新，使居住区用地反映当地文化的同时，也具有时代性和创新性。

（六）超前性与灵活性原则

一幢建筑物在规划设计之后需要经过一定时间的建设施工才能投入使用，建筑物的寿命少则几十年，多则上百年，因此规划设计要有超前意识，要对居住区的未来发展进行一定的科学预测，使其未来能够调整适应变化了的社会环境。但人们认识世界的能力是有限的，规划设计还要兼顾当前的实际情况，因此超前性要与灵活性相结合。

（七）领域性与社会性原则

居住区应该有一个核心或者聚焦点，这个核心要有较好的领域性，应位于相对中心位置并与其他部分形成良好的空间联系。同时，居住区应具有社会性，这就要求规划设计创造不同层次的交往空间。

（八）健康性原则

居住区的健康性原则是指居住区的规划设计在满足住宅建设基本要素的基础上，提升健康要素，保障居住者生理、心理、道德和社会适应等多层次的健康需求。居住区的规划设计要考虑到老年人、残疾人的生活和社会活动的需求。在满足居住物质环境健康性的同时，也要注重居住社会环境的健康性，使居住者在身体上、精神上、社会上完全处于良好状态。

三、居住用地规划的主要内容

（一）住宅建筑规划

住宅建筑规划是居住用地规划最重要的部分。确定了住宅建筑的类型、密度、布局形式等内容后，应相应地配以公共服务设施、道路和绿地规划。住宅建筑规划的原则如下：

1. 住宅建筑的规划设计应综合考虑用地条件、选型、朝向、间距、绿地、层数与密度、布置方式、群体组合和空间环境等因素确定。

2. 住宅间距应以满足日照要求为基础，综合考虑采光、通风、消防、防震、管线埋设、避免视线干扰等要求确定。

3. 环境条件优越的地段布置住宅，其布置应合理紧凑；面街布置的住宅，其出入口应避免直接开向城市道路和居住区级道路；在丘陵和山区，除考虑住宅布置与主导风向的关系外，尚应重视因地形变化而产生的地方风对住宅建筑防寒、保温或自然通风的影响；利于组织居民生活、治安保卫和管理。

4. 住宅的面积指标和设计标准应符合现行国家标准《住宅设计规范》（GB 50096-2011）的规定，宜采用多种户型和多种面积标准，并以一般面积标准为主，并应利于住宅商品化。

（二）居住用地中公共服务设施用地规划

居住用地中的公共服务设施主要是满足居民基本的物质和精神生活方面的需要，并主要为本区居民服务，因此，公共服务设施规划设计是否合理对居民的日常生活至关重要。

居住用地公共服务设施配套的规划布局，应符合下列规定：

1. 根据不同项目的使用性质和居住区的规划组织结构类型，应采用相对集中与适当分散相结合的方式合理布局，并应利于发挥设施效益，方便经营管理、使用和减少干扰。

2. 商业服务与金融、邮电、文体等有关项目宜集中布置，形成居住区各级公共活动中心。在使用方便、综合经营、互不干扰的前提下，可采用综合楼或组合体。

3. 基层服务设施的设置应方便居民，满足服务半径的要求。

（三）道路用地规划

居住用地应当为居民提供方便、安全、舒适和优美的居住环境，道路规划设计就直接影响着居民出行的方便和安全。

道路用地规划设计原则如下：

1. 根据居住用地的地形、气候、用地规模、人口规划、规划布局、用地周围的交通条件、居民出行方式以及交通设施的发展水平等因素，规划设计经济、便捷的道路系统和断面形式。

2. 居住区的内外联系道路应当通而不畅，一方面避免外部车辆的穿行，另一方面降低车辆行驶速度。

3. 道路的布置应分级设置，以满足不同的交通功能要求，形成安全、安静的交通系统和居住环境。

4. 道路规划设计应满足居民日常出行以及进出居住用地的货车、垃圾车、救护车、市政工程车辆等车辆的通行要求，并考虑居民私家车的通行需要。

5. 道路规划设计应满足地下工程管线的埋设要求。

6. 在旧城改造地区，应综合考虑有地上地下建筑及市政条件和原有道路的特点。

7. 居住用地内的道路规划设计应有利于其他各种设施的合理安排，有利于命名、识别和编号。

（四）公共绿地规划

公共绿地绿化可改善小气候、净化空气、减少污染、防止噪声、挡风遮阳，为居民创造优美、舒适、整洁、方便的大园林环境，创造良好的环境效益，促进人们的身心健康，提高居民生活质量。

公共绿地规划设计原则如下：

1. 可持续原则

生态绿地规划应协同居住区的功能空间要求，绿地的规划应遵循人居环境"可持续发展"的原则。

2. 生态功能优先原则

绿地规划应首先满足居民对生态环境的需求，再讲究景观效益。生态环境在以下四个指标中应满足一定的质量要求：①住宅区碳氧环境指数；②环境噪声指标；③空气清洁度指标；④有害气体浓度控制指标。

3. 区域性原则

生态绿地为生态系统中的子系统，绿地应满足地域的变化，区域的规划、气候、人文地理、社会经济变异的要求。

4. 科学性原则

绿地植物应顺应植物生长的客观规律。因地制宜、适地适树是住宅区园林绿化设计应遵循的基本原则。它主要包含两层意思：一是对立地条件的合理利用，二是对园林植物的选择。所谓合理利用，就是要最大限度地利用原有的地形地貌，少动土方。这样不仅可以减少资金投入，降低维护成本，而且显得朴实无华、真切自然。在园林植物的选择上倡导以本土植物为主，还可适当选用一些适应性强、观赏价值高的外地植物，改善住宅区的植物种植结构。设计施工应模拟自然生态进行布置，讲求乔木、灌木、花草的科学搭配，创造"春花、夏荫、秋实、冬青"的四季景观。

第三节　城市居住用地规划的程序和方法

一、居住用地的选择与布置

（一）居住用地的选择

居住用地的选择关系到城市的功能布局、居民的生活质量与环境质量、建设经济与开发效益等多个方面，一般应从以下几方面加以考虑：

1. 居住用地应选择自然环境优良的地区，具有适于建筑的地形与工程地质条件，避免不利于建设和居住的地区。

2. 居住用地的选择应与城市总体布局结构及其功能分区相协调，以减少居住—工作、居住—消费的出行距离与时间。

3. 居住用地的选择要因地制宜，注意其环境污染的影响。接近工业区时，要选择在常年主导风的上风口布置居住用地，并且按照相关的法律规范严格规定间隔，作为必需的防护措施，为营造卫生、安宁的居住生活空间提供保证。

4. 居住用地选择应有适宜的规模与用地形状，合理组织居住生活，有效地配置公共服务设施等。

5.在城市外围选择居住用地时，要考虑与现有城区的功能结构关系，利用旧城区公共设施、就业设施，密切新旧城区的联系。

6.居住用地的选择应结合房地产市场的需求趋向，符合购房者的喜好，并考虑其建设的可行性和效益。

7.居住用地的选择应留有余地，便于日后增加功能或者扩建。

（二）居住用地的布置

1.居住用地集中布置

当城市规模不大，自然条件较好，并且有足够的城市用地用以成片紧凑地组织用地时，居住用地往往采用集中布置的方式。

其优点在于：能够节约市政基础设施和公共服务设施的投资费用，充分发挥其效能，可以密切各部分在空间上的联系；其缺点在于：当城市规模较大时，集中布置居住用地会导致居民上下班出行距离增加，造成交通拥堵，疏远居住与自然的联系，影响居住生态质量。

2.居住用地分散布置

当城市规模较大，或者城市用地受到地形、产业分布等空间条件的限制时，居住用地可采用分散布置的方式。

其优点在于：能够方便居民上下班出行，使组团内的居住与就业基本平衡，缓解城市交通；其缺点在于：疏远了居住用地之间的联系，加大了市政设施和公共设施的投资费用，空间组织受产业分布的影响，具有一定的随意性。

3.居住用地轴向布置

当城市用地以中心地区为核心，可将居住用地沿着多条由中心向外围放射的交通干线布置。

其优点在于：能够有序地疏散城市中心的居住人口，带动市郊房地产业的发展，密切居住与自然的联系，提高居住生态质量；其缺点在于：必须依靠发达的城市轨道交通，初期的市政设施建设投资较大，市郊的治安管理力度须加大。

二、确定居住用地规模

（一）居住用地规模的内容

居住用地的规模和居住用地的性质、地位、类型及布局形式有关，并受所在地区的自然社会经济条件、人口密度等因素的影响。居住用地的规模主要包括人口规模和用地规模两方面的内容。人口规模往往影响居住用地的面积、建筑层数、公共建筑项目的组成与数量、交通运输、基础设施建设等一系列问题。

确定居住用地的规模包括确定人口数量和用地面积两方面。首先应对人口规模进行预测，并调查居民的生活方式、出行方式等，明确居住用地的各项功能用地的规模，以便确定总的居住用地规模。

（二）居住用地面积的计算

居住用地面积概算的方法有以下两种：

1. 按平均占地面积计算

按每户平均占地或者每人平均占地估算住宅用地、公共设施用地、绿地的面积。其选用的平均系数应根据有关的规范条文，结合实际情况、居住用地品质等多方面内容加以选择。

2. 用地累加法

即逐项计算居住用地内各种用地面积之和。如 P_1 为住宅建筑用地，P_2 为公共服务设施用地，P_3 为道路用地，P_4 为绿地用地，S 为居住用地。

$$S = P_1 + P_2 + P_3 + P_4$$

三、拟定住宅建筑类型、数量、层数、布置方式

住宅及其用地的规划布置是居住用地规划设计的主要内容。住宅的面积占整个居住区总建筑面积的 80% 以上，用地则占居住区总用地面积的 50% 左右。住宅建筑通常是成片成组地规划和修建的，从而形成住宅组群。住宅组群用地是住宅建筑用地的主要组成部分，住宅建筑用地规划实质上是住宅组群用地规划。

（一）住宅的类型

住宅选型是一个非常重要的环节，恰当与否直接影响居民的使用、住宅建设成本和城市用地的多少，同时也影响城市面貌。因此，为了合理选择住宅类型，就必须从城市规划的角度来研究和分析住宅的类型和特点，详见表 5-2。

根据中国民用建筑设计规范的规定，1 ~ 3 层为低层，4 ~ 9 层为多层，10 层以上为高层，并提倡小集镇以 2 ~ 3 层为主，小城市以 4 ~ 5 层为主，大中城市以 5 ~ 6 层为主，特大城市适当发展高层。建筑高层住宅有利于节约市政设施投资，对于多层住宅小区，市政工程的一次性投资为建筑造价的 25% ~ 30%；对于高层建筑，同样的面积可以节约一次性投资约 1/4。

表 5-2　住宅类型表（以套为基本组成单位）

编号	住宅类型	用地特点
1	独院式	每户一般都有独立院落，层数 1 ~ 3 层，占地较多
2	并联式	
3	联排式	
4	梯间式	一般都用于多层和高层，特别是梯间式用得较多
5	内廊式	
6	外廊式	
7	内天井式	是第 4、5 类型住宅的变化形式，由于增加了内天井，住宅的进深加大，对节约用地有利，一般多见于层数较低的住宅
8	点式	是第 4 类型住宅独立式单元的变化形式，适用于多层和高层住宅，由于形体短而活络，进深大，故具有布置灵活和丰富群体空间的特点
9	跃廊式	是第 5、6 类型的变化形式，一般用于高层住宅

（二）住宅的布置

1. 影响住宅布置的因素

（1）朝向

地理纬度、局部气候特征和建筑用地条件等因素均影响住宅的朝向。中国大部分地区处于亚热带和北温带，房屋"坐北朝南"，可以保证冬暖夏凉。良好的朝向能保证冬季的日照，在炎热的夏季减少阳光的直射。实践证明，冬季以南向、东南和西南居室内接收紫外线较多；而东、西向较少，大约为南向的 1/2；东北、西北和北向居室内最小，为南向的 1/3。朝向还与通风有关，为了满足通风的要求，住宅呈单幢布置时，应将居室朝着夏季的主导风向，采取迎风面的布置形式，尽量使风向投射角（指风向与有窗墙面的法线）小一些；倘若不能迎风面布置，其风向投射角也不宜大于 45°。群体建筑的风向投射角 60° 比 30° 有利。在冬季寒冷地区，住宅建筑的布置朝向应该保证居室避开冬季的主导风方向。

（2）间距

住宅建筑之间的距离应保证良好的日照和通风条件。中国地处北半球亚热带、温带地区，一般来说，中纬度地区房屋间距以 2 倍屋高为宜，低纬度地区房屋间距以 1.5 倍屋高为宜。良好的间距能保证夏季自然通风，以降低室内温度。从自然通风的要求来看，一般住宅的长轴与主风向呈 45° 左右，防火间距与房屋结构的耐火性能有关，防火间距一般在6 ~ 12m 之间。

（3）地形

住宅建筑布置应考虑对地形的利用，以便尽量减少填挖的土方量和避免过分加深基础。表 5-3 是不同地面坡度情况下住宅建筑的布置方式。

表 5-3　按地面坡度布置住宅建筑的几种情况

地面坡度	住宅建筑布置方式	备注
小于 1%	可不按等高线方向布置	
1% ~ 2.5%	应平行于等高线方向布置	长度小于 50m 不受限制
2.5% ~ 4%	应平行于等高线方向布置	长度小于 30m 不受限制
4% ~ 8%	所有建筑一律平行于等高线方向	也可采用阶梯式底层
8% 及以上	全部建筑采取阶梯式平面布置	

2. 住宅的布置形式

（1）住宅布置的行列式

这是住宅群体的基本组成形式，即条式单元住宅或联排式住宅按一定朝向和合理间距成排布置的方式。这种布置方式可使每户都能获得良好的日照和通风条件，便于布置道路、管网，方便工业化施工。但如果处理不好形成的空间往往会有单调、呆板的感觉，并且产生穿越交通的干扰。如果能在住宅排列组合中，注意避免"兵营式"的布置，多考虑住宅群体空间的变化，如采用山墙错落、单元错落拼接以及用矮墙分隔等手法仍可达到良好的景观效果。

具体的布置手法有：平行排列、交错排列、变化间距、单元错接、成组改变朝向、扇形排列等。

（2）住宅布置的周边式

这是住宅建筑沿街坊或院落周边布置的形式，这种布置形式形成封闭或半封闭的内院空间，院内较安静、安全，利于布置室外活动场地、小块公共绿地和小型公建等居民交往场所。这种形式组成的院落较完整，一般较适用于寒冷多风沙地区，可阻挡风沙及减少院内积雪。周边布置的形式有利于节约用地，提高居住建筑面积密度。但这种布置方式部分住宅朝向较差，对于炎热地区较难适应。另外，对地形起伏较大的地区会造成较大的土石方工程。

具体的布置手法有：单周边、双周边等。

（3）住宅布置的点群式

点群式住宅布局包括低层独院式住宅、多层点式及高层塔式住宅布局。点群式住宅自成组团或围绕住宅组团中心的建筑、公共绿地、水面有规律地或自由布置。其优点在于能够根据需要灵活布置，便于利用地形，但在寒冷地区，点群式住宅不利于防寒保暖，且对节能不利。

具体的布置手法有：规则布置、自由布置等。

（4）住宅布置的混合式

所谓混合式住宅布局，就是将以上三种布置手法结合或者变形的组织形式，常见的往往以行列式为主，结合周边式布置，搭配良好的混合式住宅群，能够良好地利用地形，提高土地利用效率，使居住空间具有层次感和生动性。关键在于必须充分利用地形和空间特征，做到混而不乱、杂而不浊。此外，也须兼顾混合式住宅的建造成本和物业管理成本。

住宅混合式布置的具体手法有：行列式结合点群式、行列式结合周边式、周边式结合点群式，以及行列式、周边式、点群式三者结合。

四、拟定公共服务设施的内容、规模、数量、标准、分布和布置方式

（一）居住用地公共服务设施的分类

为满足城市居民日常生活、购物、教育、文化娱乐、游憩、社交活动等需要，居住用地内必须相应设置各种公共服务设施，其内容、项目设置必须根据居住用地的规模综合考虑居民的生活方式、生活水平以及年龄特征等因素。

1.公共服务设施按使用性质可以分为七类（详见表5-4）

表5-4　居住用地公共服务设施具体内容

类别	项目
教育	托儿所、幼儿园、小学、普通中学
医疗卫生	门诊所、卫生站、医院
文化体育	文化活动中心、文化活动站、居民运动场等
商业服务	粮店、集贸市场、食品店、饭馆、大卖场、小百货店、综合百货商场、药店、理发店、旅店、物资回收站等
金融邮电	银行、储蓄所、邮电局、邮政所等
市政公用	变电所、高压水泵房、公共厕所、公共停车库、消防站等
行政管理	街道办事处、派出所、房管所、工商管理及税务所等

2.居住用地公共服务设施按居民使用频率可分为两类

经常性使用项目——幼托、小学、中学、文化活动站、粮油店、供气站、理发店、居委会等，这些公共服务设施都属于居住小区和居住组团级公共建筑。

非经常使用项目——门诊所、文化活动中心、菜市场、大卖场、房管所、市政管理机构、工商管理机构、派出所、街道办事处等，这些公共服务设施属于居住区级公共建筑。

（二）公共设施用地面积概算

1. 千人指标和千户指标

千人指标是指每千居民拥有的各项公共服务设施的建筑面积和用地面积。千人指标是根据公共建筑的不同性质而采用不同的计算单位来计算建筑面积和用地面积的。例如，幼托、中小学、饭店等以每千人多少座位来计算，商业则按每千人售货员岗位来计算，门诊所以每千人每日就诊次数为定额单位，然后折算成每千人建筑面积和用地面积。采用千人指标的计算方法便于规划定点、定面积和分级配套；不足之处在于按人口定量，弹性较小，且以此计算的总面积受到每户平均人口增减的影响较大。

千户指标是指每千户居民家庭拥有的各项服务设施网点的建筑面积。采用千户指标的优点是：家庭是组成城市最基本的单位，家庭的经济水平、消费能力和消费需求是商业部门进行预测的依据。使用千户指标能避免家庭人口增减对公共设施用地影响弹性较大的问题，并且与住宅用地规划设计中"户"的概念保持一致。

2. 占地比重

公共服务设施用地的面积也可以根据它占住宅建筑面积的比重来计算。公共服务设施用地占住宅建设用地的比重是商业部门控制商业服务设施规模的重要依据。但这种计算方法无法对具体的项目和指标进行有效的控制，弹性太大，不利于规划、配套和单体设计。特别是各地的经济、居民消费习惯、购买力等条件不同，缺乏统一的指标标准。

3. 居住用地公共设施用地的规划配置

公共设施用地配置应考虑其功能，并按照居民的使用频率进行分级，与居住用地规划结构和人口规模相对应。

表 5-5　各级公共服务设施的合理服务半径　　单位：米

级别	服务半径
居住区级	800 ~ 1000
居住小区级	400 ~ 500
居住组团级	150 ~ 200

①机关办公建筑用地一般应置于居住用地的中心地段，以方便联系和往来。

②商业服务业建筑用地可以采取既集中又分散的方式统一布置。等级较高的商业服务建筑集中，一般不置于居住用地中心地段主干道两侧；等级较低的商业服务建筑宜分散于居住用地中，以方便居民购物。

③医疗卫生建筑用地应配置在中心区附近的地方，既要方便群众，又要远离水源，且

位于居住用地的下风位，以防传播流行性疾病。

④学校建筑用地宜配置于环境安静、安全，远离交通站点，阳光充足的地段。

⑤集市用地的配置应视其污染状况分布于居住用地适当地点和边缘地段。

五、拟定各级道路宽度、断面形式、布置方式，对外出入口位置，泊车量和停泊方式

（一）居住区道路的类型

居住区道路可以按不同的方式进行分类：

1. 按组织交通的方式可分为人车分流型和人车混流型。人车分流型的道路系统中，车行道和步行道都自成体系，互不干扰，步行道往往具有交通和休闲双重功能，道路剖面一般为"机动车道＋人行道"，有的道路为"两块板"，中间以绿化隔离带对称布置，还有的道路人行道单侧布置；人车混流型的交通系统中，车行道承担了大部分的交通功能。

2. 按道路材质可分为混凝土道路、沥青路、卵石块路等，有的居住区将人行交通与休闲广场结合。

在道路设计上，很多设计师在道路线型、铺装、路灯上做文章，使得道路起到了联系绿化、公共服务设施等用地的作用，成为居住区的景观之一。

（二）居住区道路的分级

居住用地中的道路通常可分为四级，即居住区级道路、居住小区级道路、组团级道路和宅间小路。各级道路宜分级衔接，以形成良好的交通组织系统。

1. 第一级——居住区级道路

居住区内外联系的主要道路。道路红线宽度一般为 20 ~ 30m，山地城市不小于 15m，车行道宽度不应小于 9m，如须通行公共交通时，应增至 10 ~ 14m。道路断面多采用一块板形式，在规模较大的居住区中的部分道路亦可采用三块板形式。人行道宽 2 ~ 4m。

2. 第二级——居住小区级道路

居住小区内外联系的主要道路，是居住区的次级道路。道路红线宽度一般为 10 ~ 14m，车行道宽度 5 ~ 8m，多采用一块板的断面形式。人行道宽 1.5 ~ 2m。

3. 第三级——组团级道路

居住小区内的支路。道路红线宽度小于 10m，车行道宽度为 5 ~ 7m。

4. 第四级——宅间小路

通向各户或各住宅单元入口的道路，宽度不宜小于 2.5m。

六、拟定绿地、活动、休憩等室外场地的数量、分布和布置形式

居住用地公共绿地的功能有两种：一种功能是构建居民户外活动空间，满足各种游憩活动的需要，包括儿童游戏、运动、健身锻炼、散步、休息、游览、文化、娱乐等；另一种功能是创造自然环境，利用各种树木、花卉、水体、草地等营造美好的户外环境。

（一）居住区公共绿地分类分级

具体见表5-6。

表5-6　居住区各类公共绿地的规划设计要求

分类	居住区级	居住小区级	住宅组团级
类型	居住区公园	小游园、儿童公园	儿童和老人游戏、休息场
使用对象	居住区居民	居住小区居民	住宅组团居民
用地（公顷）	大于1.0	大于0.4	大于0.04
步行距离（分钟）	8～15	5～8	3～4
布局要求	园内有明确的功能划分	园内有一定的功能划分	灵活布置

（二）居住区公共绿地的布置

居住用地内公共绿地设计在内容设置上要健全，同时应充分考虑各级绿地的服务区域。除中心绿地，其他绿地应尽可能地均衡布置，点、线、面有机结合。另外，还应注意方便居民前往，并尽可能和公共活动场所、商业中心结合。

1.居住区公园

居住区公园是指在城市规划中按居住区规模建设的、具有一定活动内容和设施的配套公共绿地。主要设置应包括树木、草地、花卉、水体、雕塑、小卖部、座椅、儿童游乐场、运动场地、老人成年人活动休息场地等。园内布局应有明确的功能分区和清晰的游览路线。具体的规划要点有：

①满足功能要求。应根据居民各种活动的要求布置休憩、文化娱乐、体育锻炼、儿童游戏及人际交往等各种活动的场所与设施。

②满足风景审美的要求。注意塑造优美宜人的景观，充分利用地形、水体、人工建筑等组成富有魅力的景色。

③满足游览的需要。公园空间构造要考虑沿线的景观设置，游园线路清晰，具有观赏性。

④满足净化环境的需要。集中布置各类绿化的公园能够净化空气，改善居住区的自然景观和小气候。

2. 小游园

小游园是指具有一定活动内容和设施的集中绿地，一般是为居住小区配套建设的。主要设置应包括儿童游戏设施、老年成年人活动休息场地、运动场地、座椅、树木、草地、花卉、凉亭等。具体的规划要点有：

①特点鲜明突出，布局简洁明快。小游园的平面布局不宜复杂，应当用简洁的几何图形。以美学理论来看，明确的几何图形要素之间具有严格的制约关系，最能引起人的美感。同时也有利于形成整体效果和远距离或运动过程中的观赏效果，具有较强的时代感。

②因地制宜，力求变化。如果小游园规划地段面积较小，地形变化不大，周围是规则式建筑，则游园内部道路系统以规则式为佳。如果地段面积较大，又有地形起伏，则可以自然式布置。城市中的小游园贵在自然，使人仿佛从嘈杂的城市环境中脱离出来。同时，园景也宜充满生活气息，有利于逗留休息。

③小中见大，充分发挥绿地的作用。小游园的布局应紧凑，尽量提高土地利用率，将园林中的死角转化为活角等；空间层次丰富，利用地形道路、植物小品分割空间；建筑小品以小取胜，道路、铺地、坐凳、栏杆的数量与体量要控制在满足游人活动的基本尺度要求之内，使游人产生亲切感，同时扩大空间感。

3. 住宅组团绿地

住宅组团绿地是指直接靠近住宅建筑，结合居住建筑组群布置的绿地。具有一定的休憩功能。主要应设置游戏设施、座椅、树木、草地、花卉等。

住宅组团绿地规划设计重点如下：

①住宅组团绿地应满足邻里居民交往和户外活动的需要，布置幼儿游戏场和老年人休息场地，设置小沙场、游戏器具、座椅及凉亭等。

②利用植物种植围合空间，树种包括灌木、常绿和落叶乔木，地面除硬地外铺草种花以美化环境。但要注意靠近住宅处不宜种树过密，否则会造成通风不良及底层房间阴暗。

③组团绿地结合成年人休息和儿童活动场、青少年活动场布置时，应注意不同的使用要求，避免相互干扰。

居住用地的公共绿地受到的影响因素较多，在操作过程中应灵活掌握，对上述原则和要点不可机械照搬。同时，应充分考虑到绿地的社会效益与生态效益，使居住小区真正成为居民生活、休息的良好场所。

第四节　城市居住用地规划的成果要求

一、居住用地规划必须满足相关规定制定的定额指标

（一）居住用地规划的定额指标

1. 居住区内各项用地所占比例的平衡控制指标

居住区内各项用地所占比例的平衡控制指标应符合表 5-7 的规定。

表 5-7　居住区用地平衡控制指标　　单位：%

用地构成	居住区	居住小区	居住组团
1. 住宅用地（R01）	50 ~ 60	55 ~ 65	70 ~ 80
2. 公建用地（R02）	15 ~ 25	12 ~ 22	6 ~ 12
3. 道路用地（R03）	10 ~ 18	9 ~ 17	7 ~ 15
4. 公共绿地（R04）	7.5 ~ 18	5 ~ 15	3 ~ 6
5. 居住区用地（R）	100	100	100

2. 人均居住区用地控制指标

人均居住区用地控制指标应符合表 5-8 的规定。

表 5-8　人均居住区用地控制指标　　单位：平方米 / 人

居住规模	层数	建筑气候区划		
		I、II、VI、VII	III、V	IV
居住区	低层	33 ~ 47	30 ~ 43	28 ~ 40
	多层	20 ~ 28	19 ~ 27	18 ~ 25
	多层、高层	17 ~ 26	17 ~ 26	17 ~ 26
居住小区	低层	30 ~ 43	28 ~ 40	26 ~ 37
	多层	20 ~ 28	19 ~ 26	18 ~ 25
	中高层	17 ~ 24	15 ~ 22	14 ~ 20
	高层	10 ~ 15	10 ~ 15	10 ~ 15

续表

居住规模	层数	建筑气候区划		
		I 、II 、VI 、VII	III 、V	IV
居住组团	低层	25 ~ 35	23 ~ 32	21 ~ 30
	多层	16 ~ 23	15 ~ 22	14 ~ 20
	中高层	14 ~ 20	13 ~ 18	12 ~ 16
	高层	8 ~ 11	8 ~ 11	8 ~ 11

注：本表各项指标按每户 3.2 人计算。

（二）住宅建筑规划的定额指标

1. 住宅间距控制指标

住宅间距控制指标应符合表 5-9、表 5-10 的规定。

表 5-9 住宅建筑日照标准

建筑气候区划	I 、II 、III 、VII气候区		IV气候区		V 、VI气候区
	大城市	中小城市	大城市	中小城市	
日照标准日	大寒日				冬至日
日照时数（h）	≥2	≥3			≥1
有效日照时间带（h）	8 ~ 16				9 ~ 15
日照时间计算起点	底层窗台面				

注：①建筑气候区划应符合规范规定。

②底层窗台面是指距离室内地坪 0.9m 高的外墙位置。

表 5-10 住宅正面间距不同方位间距折减系数

方位	0° ~ 15°	15° ~ 30°	30° ~ 45°	45° ~ 60°	> 60°
折减系数	1.0L	0.9L	0.8L	0.9L	0.95L

注：①表中方位为正南向（0°）偏东、偏西的方位角。

②L 为当地正南向住宅的标准日照间距（m）。

2. 住宅净密度控制指标

（1）住宅建筑净密度的最大值不得超过表 5-11 的规定。

表 5-11　住宅建筑净密度最大值控制指标　单位：%

住宅层数	建筑气候区划		
	I 、II 、VI 、VII	III 、V	VI
低层	35	40	43
多层	28	30	32
中高层	25	28	30
高层	20	20	22

注：混合层取两者的指标值作为控制指标的上、下限值。

（2）住宅面积净密度的最大值应符合表 5-12 的规定。

表 5-12　住宅面积净密度最大值控制指标　单位：万平方米 /hm²

住宅层数	建筑气候区划		
	I 、II 、VI 、VII	III 、V	VI
低层	1.10	1.20	1.30
多层	1.70	1.80	1.90
中高层	2.00	2.20	2.40
高层	3.50	3.50	3.50

注：①混合层取两者的指标值作为控制指标的上、下限值。

②本表不计入地下层面积。

（三）公共服务设施规划的定额指标（见表 5-13、表 5-14）

表 5-13 公共服务设施控制指标　单位：平方米 / 千人

居住规模类别		居住区		居住小区		居住组团	
		建筑面积	用地面积	建筑面积	用地面积	建筑面积	用地面积
总指标		1668 ~ 3293（2228 ~ 4213）	2172 ~ 5559（2762 ~ 6329）	968 ~ 2397（1338 ~ 2977）	1097 ~ 3835（1491 ~ 4585）	362 ~ 856（703 ~ 1356）	488 ~ 1058（868 ~ 1578）
其中	教育	600 ~ 1200	1000 ~ 2400	330 ~ 1200	700 ~ 2400	160 ~ 400	300 ~ 500
	医疗卫生（含医院）	78 ~ 198（178 ~ 398）	138 ~ 378（298 ~ 548）	38 ~ 98	78 ~ 228	6 ~ 20	12 ~ 40
	文体	125 ~ 245	225 ~ 645	45 ~ 75	65 ~ 105	18 ~ 24	40-60
	商业服务	700 ~ 910	700 ~ 910	450 ~ 570	100 ~ 600	150 ~ 370	100 ~ 400

续表

居住规模类别		居住区		居住小区		居住组团	
		建筑面积	用地面积	建筑面积	用地面积	建筑面积	用地面积
其中	教育	600～1200	1000～2400	330～1200	700～2400	160～400	300～500
	医疗卫生（含医院）	78～198（178～398）	138～378（298～548）	38～98	78～228	6～20	12～40
	文体	125～245	225～645	45～75	65～105	18～24	40-60
	商业服务	700～910	700～910	450～570	100～600	150～370	100～400
	社区服务	59～464	76～668	59～292	76～328	19～32	16～28
	金融邮电（含银行、邮电局）	20～30（60～80）	25～50	16～22	22～34	—	—
	市政公用（含居民存车处）	40～150（460～820）	70～360（500～960）	30～120（400～700）	50～80（450～700）	9～10（350～510）	20～30（400～550）
	行政管理及其他	46～96	37～72	—	—	—	—

注：①居住区级指标含小区和组团级指标，小区级含组团级指标；②公共服务设施总用地的控制指标应符合规定；③总指标未含其他类，使用时应根据规划设计要求确定本类面积指标；④小区医疗卫生类未含门诊所；⑤市政公用类未含锅炉房，在采暖地区应自选确定。

表5-14　配建公共停车场（库）停车位控制指标

名称	单位	自行车	机动车
公共中心	车位/100m² 建筑面积	大于或等于0.75	0.45
商业中心	车位/100m² 营业面积	大于或等于0.75	0.45
集贸市场	车位/100m² 营业面积	大于或等于0.75	0.30
饮食店	车位/100m² 营业面积	大于或等于3.6	0.30
医院、门诊所	车位/100m² 建筑面积	大于或等于1.5	0.30

注：①本表机动车停车车位以小型汽车为标准当量表示；②其他各型车辆停车位的换算办法应符合《城市居住区规划设计规范》第11章中的有关规定。

（四）道路用地规划的定额指标

居住区内道路设置，应符合下列规定：

1. 小区内主要道路至少应有两个出入口；居住区内主要道路至少应有两个方向与外围道路相连；机动车道对外出入口数应控制，其出入口间距不应小于150m。沿街建筑物长度超过160m时，应设不小于4m×4m消防车通道。人行出口间距不宜超过80m，当建筑物长度超过80m时，应在底层加设人行通道。

2. 居住区内道路与城市道路相接时，其交角不宜小于75°；当居住区内道路坡度较大时，应设缓冲段与城市道路相接。

3. 进入组团的道路，既应方便居民出行和利于消防车、救护车的通行，又应维护院落的完整性和利于治安保卫。

4. 在居住区内公共活动中心，应设置为残疾人通行的无障碍通道。通行轮椅车的坡道宽度不应小于2.5m，纵坡不应大于2.5%。

5. 居住区内尽端式道路的长度不宜大于120m，并应设不小于12m×12m的回车场地。

6. 当居住区内用地坡度大于8%时，应辅以梯步解决竖向交通，并宜在梯步旁附设推行自行车的坡道。

7. 在多雪严寒的山坡地区，居住区内道路路面应考虑防滑措施；在地震设防地区，居住区内的主要道路宜采用柔性路面。

8. 居住区内宜考虑居民小汽车和单位通勤车的停放。

9. 居住区内道路边缘至建筑物、构筑物的最小距离，应符合表5-15的规定。

表5-15 道路边缘至建、构筑物最小距离　　　　单位：米

道路级别与建、构筑物的关系			居住区道路	小区路	组团路及宅间小路
建筑物面向道路	无出入口	高层	5.0	3.0	2.0
		多层	3.0	3.0	2.0
	有出入口		—	5.0	2.5
建筑物山墙面向道路		高层	4.0	2.0	1.5
		多层	2.0	2.0	1.5
围墙面向道路			1.5	1.5	1.5

注：居住道路的边缘指红线；小区路、组团路及宅间小路的边缘指路面边线，当小区路设有人行便道时，其道路边缘指便道边线。

（五）公共绿地规划的定额指标

1. 中心公共绿地的设置应以表 5-16 的规定为准。

表 5-16　各级中心公共绿地设置规定

中心绿地名称	设置内容	要求	最小规模（hm²）
居住区公园	花木草坪、花坛水面、凉亭雕塑、小卖部茶座、老幼设施、停车场地和铺装地面等	园内布局应有明确的功能划分	1.0
小游园	花木草坪、花坛水面、雕塑、儿童设施和铺装地面等	园内布局应有一定的功能划分	0.4
组园绿地	花木草坪、桌椅、简易儿童设施等	灵活布局	0.04

注：表内"设置内容"可视具体条件选用。

2. 至少应有一个边与相应级别的道路相邻。

3. 绿化面积（含水面）不宜小于 70%。

4. 便于居民休憩、散步和交往之用，宜采用开敞式，以绿篱或其他通透式院墙栏杆做分隔。

5. 组团绿地的设置应满足有不少于 1/3 的绿地面积标准的建筑日照阴影线范围之外的要求，并便于设置儿童游戏设施和适于成人游憩活动。

二、居住用地规划相关图纸文本要求

由于《城市居住区规划设计规范（GB 50180-93）》中对居住用地规划设计成果的图纸文本等方面没有明文的规定，因此，在实际应用中，往往是按照具体项目的设计任务说明书中所要求的成果来提交的。不同地区、不同项目、不同规模、不同的开发商等可能会对居住用地规划设计的图纸成果有不同的要求，但是一般来说，以下文字和图纸材料是必备的：

1. 总体构思：设计理念的表达不只是图纸，还有很多其他的手段，其中，文字是最常见的必要手段。运用文字来阐述设计方案的基本构思、设计理念、设计手法等，往往应结合居住用地的区位条件、气候环境、历史文化、居民生活方式等进行描述，突出设计方案的特色及亮点，一般包括对基地的分析和理解、规划设计理念、主要的理论工具和规划设计的特点。总之，总体构思对整个居住用地规划设计方案起到概括和说明的作用。

2. 总平面图：是居住用地详细规划总平面图的简称。图纸应标明方位、比例、建筑层数、建筑使用的性质以及室外场地内容安排等。比例一般有 1∶2000 或 1∶1000 两种模式，具体视用地规模或设计任务书的要求而定。植物应区别乔木、灌木、草地和花卉等。

3.结构分析图：从居住用地各类用地构成的角度分别进行系统分析，包括住宅结构分析、公建布置分析、道路系统分析、绿化系统分析和景观空间分析等图。

其中，住宅结构分析图应当体现组团特征和布置方式；公建布置分析图应当区别各级公建设施，并对居民的可及性进行分析；道路系统分析图应当对居住区级、小区级、组团级道路加以明确的区分，体现出人行道路系统和车行道路系统，并标注居住用地的主要出入口，对车流及人流走向进行必要的分析；绿化系统分析图应当区别居住区级、小区级、组团级和宅间绿地，并体现出各种景观植物花卉的种类和分布；景观空间分析图应当体现出居住用地不同角度的景观特色、小品、雕塑等内容，力求营造出一步一景的效果。

4.整体鸟瞰图或透视图。

5.局部空间鸟瞰图或透视图。

6.主要技术经济指标表。它不仅体现了居住用地规划设计的相关用地特点和造价因素，也是甲方评审居住用地规划项目的重要依据。

三、居住用地规划设计质量评价

居住用地规划设计质量需要通过评价，恰当的评价不仅能鉴别设计方案的质量水准，而且由此能促进设计水平的提高。规划设计评价具有综合性、预测性和多样性的特点，居住用地的规划设计是以其成果的综合效益来予以评价的，而效益的综合性是由评价主体的多元性所决定的。设计方案评价最基本的特征是预测性，预测中应包括对未来的变化做一定的估计。

（一）居住用地规划设计质量评价的阶段

一般分两个阶段：一是方案预测评价，二是实效评价。以目前国内的一般情况看，设计评价活动基本上有两种方式：设计方案由行政或专业管理系统内部评定，或是进行公开的设计竞赛，邀集专家评选。评价活动的技术方法也可分为两种：一是按照方案的综合效果进行抉择，二是对方案进行分解评定。居住区建成后就成为一个实体环境，它的物质内容可概括为人工设施、自然环境与人的活动三部分，对环境的总体评价应以三者是否统一协调为其目标。

（二）居住用地规划设计质量评价的主体

居住用地规划设计质量评价的主体一般有使用者即居民、设施经营管理单位；管理者，即建设、房产、市政、城建、园林以及消防、人防、环保等管理单位；任务委托者，即建设单位；施工者，即建筑、道路、管线等施工单位。

作为各评价主体，居民方面的基本要求主要包括住宅适用、道路通顺便捷、设施方便与可靠、生活安全和健康的保障、邻里来往与互助、环境安静卫生、景观亲切悦目等；管理者方面的基本要求包括便于居民组织管理，符合建设管理规章，符合城市规划要求，利于房屋分配管理及维护，符合人防规定、环保规定及利于防灾救灾；来自建设单位方面的基本要求包括合理利用基地、达到计划容量、投资能够收回效益、工程质量达到优良、竣工时间适宜；来自施工者方面的基本要求包括技术与设备应当适用，能够收回经济效益，施工场地合用，交通运输便利，水、电供应近便，建材易于筹集，施工期限适宜；再有设施经营者方面的基本要求包括设计适用、位置及环境适宜、便于养护管理、经营能收效益、交通运输方便。根据上述评价主体及其相应的基本要求可以制定出相应的评价项目，主要包括功能效用、经济效益、环境景观等几方面的项目，通过对各评价项目定量或定性分析，再根据不同项目的重要程度次序及其不同的权值，可以对方案做出较为定量化的评价。

第六章　城市建筑与建筑规划设计

第一节　城市建筑的基本属性

城市建筑（Urban Architecture）相对于建筑（Architecture）不仅在字面上强化了对空间地域的限定，还在于突出了建筑两面性中城市属性的一面。在当代城市的复杂系统模式下，城市建筑与城市系统之间的互动既体现了上层结构对下层元素的控制，也体现了空间单元之间以及单元与上层系统间的能动。这种城市建筑的属性体现了其在本体之外，关联于城市系统及相关空间单元的特征，可以对建筑城市性（Architectural Urbanism）做出描述。

一、建筑的城市性

城市性（Urbanism）在维基百科中定义为城镇中的居民与建成环境的互动，作为城市规划领域的专业术语，城市性的研究关注于城市物质空间的设计、城市结构的管理及城市社会学方面（研究城市生活与文化的学术领域）。城市性在城市地域范围层面可以理解为场所与场所识别性的营造。这就与建筑的"在场"产生了必然的关联。

（一）规划视野中的城市性

城市性在于三方面，即人口多、密度高、异质性大，这决定了城市与农村迥然不同的分野。虽然城市性的定义是站在城市社会学的角度，但城市性三方面的基本特征，在城市的物质形态上也有着相似的体现。城市人口的聚集过程中必然伴随着商品、信息的集中，并产生城市物质空间的聚集，形成空间上的集结，导致空间上的密度差异。城市的密度特征体现在城市土地使用和开发强度两方面，是人口数量累积在城市空间利用上的不同结果。同时，随着城市内部功能的分化，城市内部相似职能的空间产生离散，在竞争、协同的双重作用下促使城市空间产生"斑块效应"，斑块之间具有功能与形态上的差异。

技术的发展和交往的增加，相对于城市自身，极大地延展了生活的模式，也造就了更为复杂的城市特征。现代城市不同于传统城市中空间单元的相对独立，其城市性的一个主要特征是网络化。我们正在目睹一个后城市环境，其中分散的、松散连接的社区和活动区承担了城市空间发挥的前组织作用。关于分裂城市性的理论包括"城市社会和物质结构的碎片"变成"全球连接的高服务飞地和网络贫民区的蜂窝状集群",这些集群是由电子网络驱动的,电子网络既分离又连接。20世纪末,随着以三维尺寸、网络密度和城市边界模糊为特征的网络化城市新形态——巨型城市的出现,城市性的分裂过程开始了。交通速度与密度一样,也是城市性的体现,速度可以改变密度的分布和动态变化,反之密度也可以影响对速度的需求。城市的密度和速度之间存在着相互的作用。

(二)建筑的城市性

规划领域对城市性的定义是从城市总体层面上进行界定的,也是通常人们对城市性的一般理解。然而城市作为一个具有典型分形结构的复杂系统,总体层面的基本特征在系统的各相关层级有着类似的表现。规划领域的城市性研究成果能够间接地为建筑的城市性研究提供参考。

首先,城市建筑作为城市网络中的一个"点",在城市的微观尺度上可以看作城市局部物质空间的聚集。密度既是一种建筑规模的量化描述,又是建筑空间、功能的存在状态,不同密度的建筑聚合以及建筑不同类型的功能与空间差别导致了城市空间的差异,使城市局部空间之间存在着功能、形态方面的"势能差"。另外,速度作为城市性一个重要特征,意味着城市相关元素之间彼此联系的存在以及联系能力上的差异。城市建筑在交通、空间、功能、形态等方面与其他城市空间单元存在着有形或者无形的关联。不同的城市建筑由于自身功能、形态的差异,与其他城市空间单元联系方式的不同以及差异传导能力的差别,对城市具有不同的作用能力。

由此可见,建筑的城市性可以定义为:在城市的微观层面,建筑因其功能、形态等方面与城市环境及相关城市单元的差异及关联能力的强弱,而对外在城市系统或其他城市单元作用的能力和性质。

相对于"环节建筑"与其所处的基地或城市区段相互契合、不可分离的特征,建筑城市性是城市建筑更普遍的基本属性。由环节建筑的定义可以看出,其所指涉的对象主要在于城市中具有某些特定区位、特定功能的建筑类型,这类建筑由于其在城市关联网络中与城市运动系统、城市公共空间系统的结合,而在功能性、可达性以及形态的影响上超出自身的围合界面,实现对城市的辐射。同时,环节建筑的关联对象多基于城市的点、线层面,如同人体经络中的腧穴,多属于城市系统中具有功能激发作用的建筑类型。而作为城市建筑的基本属性,城市性存在于城市中的各类型建筑,并且对城市系统的不同层级产生作用,其总体特征是在建筑自身与城市环境的共同作用下,在不同层级上的叠合。其作用方式既可以体现出环节建筑的引导作用,也可以反映城市建筑受到城市系统的约束而表现出的受控作用。因此,建筑的城市性对城市建筑在当今城市网络化背景下的正确定位具有更为广泛的盖全性。

二、建筑城市性的层级建构

层级性是 CA 模式下建筑城市性的一个重要特征。基于 CA 的城市性作用受到"半径"的制约，随着空间距离的扩大，系统涨落随之削减，在不断的传递中呈现从波峰到波谷的连续变化。随着城市的网络化发展，均质、渐变的城市空间格局被跳跃式、片段化所替代。在非连续的城市中，空间结节同样存在类似"中心地"体系的基本架构和等级分布。一个建筑的城市性在不同的层级上共时存在，各种作用相互叠合，形成错综复杂的关系圈层。各层级之间关系的叠加，形成对建筑城市性的具体描述。

（一）街区—地段级的城市性

1. 基本特征

具有该级别城市性的城市建筑由于与周边城市环境的涨落限定在一定量级，不足以产生超越本地段的势能，而使其关联作用限定于地段范围。总体而言，其整体的背景化特征明显。该层级建筑在城市中的大量存在，显现出一种系统化的倾向：它们在城市的微观层面彼此作用的同时，共同构成、维持、完善该级层次的团块特征。但由于自身在城市涨落关系中的能力限制，还不足以对城市街区、地段以外的区域产生更为广泛的相关性。因此，局部的属性从属于整体的基本特征，并受其在功能、形态等方面的综合调控，以呈现城市局部关系上的连续和总体特征上的拼贴。同时，该级别城市性的存在，为城市空间单元之间的网络关联奠定了物质基础。团块的"接口"与城市网络中的点、线结构关联，形成更宏观结构的联系核，也对团块内部的基本组成元素进行功能、形态等方面的约束和控制，呈现总体上的连续性。

2. 功能关系

该级别的城市建筑在功能上主要满足自身的需求，或者对邻近城市区域进行有限的辐射。它们一般功能相对简单、独立，在一定的空间范围内呈同质化的聚集状态。斑块之间的功能差别为城市总体或中观层面上的涨落提供了可能。该类型的城市建筑与城市功能的交叠较少，或者只是不同使用功能的简单混合，其功能主要体现在内向性方面。形态上受到周边城市环境的调控，强调在城市局部范围内形态的同质化连续，呈现出背景化的趋向，与同区段内其他城市空间单元共同构成的群体结构是其城市性价值的体现。

3. 空间结构

该类型的城市建筑组合下的团块可以理解成城市中的"群"。"群"是指城市一定地段范围内的建筑形态空间组织及其相关要素的集合，是为更有效地对城市结构形态进行分析、设计而引入的一个相对的、有层次的模型概念。"群"的空间构造讲求层次性、围合性、可识别性、多样性和适配性原则。因此，在"群"中，单体建筑在空间形态上应力求完善、强化这种组群集合的空间特征。通过建立延续的街墙，形成对城市外部空间的连续；通过细致的空间组织，增加空间的层次和趣味；通过建立在统一秩序基础上的局部变化，形成空间界面的多样化；通过对人的行为以及空间尺度的把握，强化空间设计中对人的关注。因此，在一个"群"中揳入城市建筑，犹如进行空间的织补，新揳入的建筑必须在空间结构、肌理、质地等方面与被织补的城市对象产生形态与结构方面的关联，要有助于整体特征的完整性。基于"群"的理念，该类型城市建筑的空间关系与结构组织更多是基于城市设计范畴，而不仅仅在于建筑设计中的场地安排。

4. 形态秩序

该类型城市建筑的形式秩序在人们心理上的存在很大程度上依赖于人们对其所处团块基本特征的认知。克里斯-亚伯（Chris Abel）将此类建筑定义为街道建筑，是对所处特定地理环境中气候和社会的一种适应，尽管构造手段随着材料技术与建造技术的进步而发生转变，但其基本形式仍作为人们"集体无意识"的在建筑的物质形态上的一种体现。既存的形式原则往往成为建筑的创作的评价标准，使得不同的功能类型、不同的环境特征以及不同的使用目的在这种价值框架之下同化，个体不具有鲜明的功能与形态指向，但建筑团块却以鲜明的地域特征给人留下深刻印象。

（二）跨街区—分区级的城市性

1. 基本特征

当某一城市建筑在系统中功能、形态方面的涨落超出其自身所处的地段范围，成为街区团块的"接口"，并与城市网络中的点、线结构关联，形成更宏观结构的联系核，就具有了跨街区—分区级的城市性级别。该类型的城市建筑，通过城市功能、空间的互联，既能满足自身的使用要求，也能与所处的城市地段内部空间单元形成互动，更与地段外的城市空间单元形成指涉。该级别城市性的交通组织使得建筑群组内部以及建筑群组之间形成一种空间的网络化连续，此时的城市建筑已不再是传统意义上的实体空间，而成为城市整体空间体系中的联系环节。在三维空间中实现了城市局部与整体在功能、形态上的整合。

在该层级中，建筑城市性主要显现为 CA 模式下的层级特征，同时具有较强"势能"地位的建筑往往成为区域中的网络节点，各节点之间存在着一定的非线性关联，体现出城市网络关系中的一种复杂性。

2. 功能关系

该级别城市性的功能关系体现在以下三个层面：

首先，建筑内部功能的复杂性增强。在同一空间中将多种使用功能并置、复合，使得在有限的城市空间中，可以容纳更多的使用目的，提高了空间的使用效率，增强了功能的辐射能力。

其次，城市的人行步道系统和城市建筑在功能上的叠合，使城市建筑与相关城市空间单元有了更直接的空间联系，使相对分散的城市功能聚合成城市中的功能性节点。

最后，在这类城市建筑的聚合状态，不同的建筑功能各有侧重，形成彼此竞争、主从、互补、系列等功能群组的配伍关系，体现为在建筑与建筑之间、建筑与建筑群组之间、建筑的上下部功能之间功能的连续转换，从而使功能联系具有一种网络化的特征。

3.空间结构

在建筑单体层面，这类城市建筑在空间上表现为城市公共空间与建筑空间的有机结合。在水平维度上，二者通过边缘相交、复合、穿插等方式组织；在垂直维度上，二者通过不同功能的叠置，在地面、地上、地下的不同层次上组合。建筑空间与城市空间随着功能复合性的增强，二者不是界面上的简单接触，而是彼此渗入，难分彼此，不能用图底的方式加以清晰的界定。

在建筑群组的层面，呈现分离、串联、并联等不同的基本特征。当群组内部的交通流线根据各建筑功能使用的区别，将其分区、分组设置，彼此之间不构成直接的联系而具有相对的独立性时，各建筑之间呈分离状态。当若干不同属性的建筑空间单元相互单向连接，不设定严格的空间分割而形成各空间单元之间的流通、延续、渗透时，各建筑之间呈串联状态。当不同归属的建筑空间单元分别与城市公共交通空间相连接，在保持其相对独立性，构成彼此连续相通的关系时，群组内的各建筑呈并联状态。这三种基本组织方式并不具有非常明确的限定，在众多的城市案例中常常组合出现。

4.形式秩序

该级别城市性的形式秩序存在于两个层面：在城市建筑个体层面，由于其功能的多样性和空间形态的复杂性，建筑的规模、尺度增大，与城市空间互动关系的增强，使其成为"节点"，是城市区段层次的空间结节和象征。在建筑群组层面，通过各建筑之间界面的延续和空间的关联、耦合，一方面，基于该建筑成为城市区段内的中心，为建筑师提供一定的创作弹性；另一方面，基于城市环境的制约，必须根据不同的实际情况，对其所处的城市环境进行分析，因此创作的自由也受到一定的限制。

（三）城市级的城市性

1.基本特征

城市级的城市性意味着城市建筑在城市网络中发挥着强大的关联、辐射作用，使其成为城市系统中的重要核心。该类型的建筑由于某些建筑在城市各种层级关系中居于最高的级别，作用圈层遍及城市的各个方面，从而具有类似于中心体系统中的高等级首位度；由于城市区域交通的快速连通，使得各城市区域中心形成一种有序的网络连接，通行时间的缩短压缩了物理上的通行距离，成为各功能组团之间的联系，以实现整体的有序，这样就具备了神经网络模式的基本属性。因此，线性和非线性作用的叠合是其典型特征，城市建筑通过片段式的作用叠合和局部的网络关联实现对城市系统的远端效应和整体效应。

2. 功能关系

该级别城市性功能的实现大致可以归纳为三个主要方面，即与城市快速交通系统相结合、具有特定的使用功能以及具有相应的城市象征意义。

城市建筑与城市的快速交通系统结合就是利用城市建筑的地面、地下、地上部分与城市的地铁、轻轨相结合，并成为城市建筑功能组成的基本要素，成为具有城市交通枢纽功能的建筑综合体。

城市中一些具有特殊功能的建筑物，由于其功能具有一般建筑所不可替代的属性，往往在城市中占有相对重要的区位，在城市中呈绝对的"首位分布"。此外，某些建筑的功能类型虽然在城市的不同层级中存在，但其中一些占有优势区位、具有良好的交通可达性的建筑，能占据该类型功能规模体系中的最高层级而具有对整个城市辐射的能力。

某些建筑由于其在城市的发展、演变中所承担的重要角色，或建筑的形态特征更能够彰显该城市的地域特色和城市风貌，从而使其成为城市集体记忆的有机组成部分，作为一个城市的象征而根植于全体市民的心里。该类建筑的使用功能并不重要，其象征意义成为对使用功能的附着，从而具有无可争辩的标志性。

3. 空间结构

特定的城市建筑对城市结构的影响是通过节点之间空间关系的彼此参照实现的，并依赖于不同空间层级之间的连续传递形成城市空间结构的层级秩序。这是该级别城市建筑空间形态的一种表现方式，即对城市整体空间结构的作用方面。这种类型的城市建筑在城市空间系统中，其作用不仅是一种视觉上的中心化，还在于创造了空间结构的系统性。

该类型城市建筑空间形态的另一种特征是呈现出复合结构或巨型结构，具有一种"城市化"的倾向。这种"大"不同于建筑外部形体尺度上的大，在库哈斯看来，"大"建筑就是将城市中散布的不同功能、不同组织重新安装在一起，并入一个大系统的"反碎片化"过程。只有通过"大"，建筑才能从它被现代主义和形式主义的艺术和意识形态运动中所耗尽的状态中解放出来。这种巨型的城市建筑对于传统的城市文脉而言是具有异质性的，同时又是建设性的，能重组城市空间结构，建立新的空间秩序。

4. 形式秩序

在视觉层面上，这类建筑往往表现为城市的标志。作为城市的标志性建筑，其形式秩序具有较大的创作自由度，在某种程度上不必回应城市的形式传统或文脉关系。正因为如此，夺取建筑标志性曾一度成为城市问题讨论的热点。这种建筑形态的中心化应不以视觉形象的"陌生化"为追求目标，而应遵循建筑本体的内在逻辑。生成的合理性在这个意义上应强于异质性。

该级别建筑形式秩序的第二个特征与建筑的意象有关。在城市发展的特定阶段，一些城市建筑或建筑群组由于具有形态上的独特性，能够对城市的总体形象进行抽象的映射，而成为公认的城市名片、标志，在人们的心理认知中占有重要地位。如上海的中心城区沿黄浦江两岸，由陆家嘴圆环形高层建筑群体景域和外滩特色建筑所形成的弧形景域共同构成"日月同辉"的城市意象特征，分别显示不同时代的上海特色。

（四）建筑城市性的作用类型

从建筑城市性的三个作用层级关系中可以看出，随着其城市性等级的提高，作用的圈层范围逐步扩大，且随着外部联系的增强（步行网络或城市快速交通系统），产生的跨区域的关联作用越发明显。也就是说，基于 CA 模式的建筑城市性特征是一种建筑城市性的基本表现，而伴随着其等级的提高，其神经网络的作用方式逐步得到加强。因此，作用的线性和非线性同时存在于城市建筑关系网络的构建过程，也造就了城市系统的多样性和复杂性。两种功能作用方式并非静止模式，在外部条件改变和城市空间发展的不同时段，二者存在相互转化的可能。

1. 线性作用

基于 CA 的城市性作用受到"半径"的制约，单元之间的功能和形态互动因其空间距离的不同而不同。一方面，距离较近的城市单元受到外部要素的制约，或反作用能力均较强，往往在功能的配置和形态的反馈上有较为紧密的联系。其作用呈圈层式分布，由中心向边缘递减。另一方面，这种线性的传递并非各向相同，城市中的自然条件因素、交通因素和既有的功能配置对这种传递产生一定的制约或强化，形成各向传递速率的改变，而往往具有指状发展的特征。在城市中各城市单元的功能作用相互叠合，形成错综复杂的功能关系圈层，如同在池水中投入若干石块引起的波纹干涉。

2. 非线性作用

基于神经网络的城市性作用虽然也具有空间作用的连续性特征，但跨区域、非线性作用的特征更为明显。当建筑的作用能力超越了一定的"门槛"限制，就具备了突破局域空间作用的圈层模式，向更大尺度的城市空间进行关联的可能。这时互动作用在参照其周边功能环境的同时，更集中于对城市各区域或沿关联路径上各要素之间关系的建构，形成城市区域间的平衡与激励。这种网络关联在城市的各个层级都存在，并随建筑在城市系统中的作用增减而产生作用层级的迁移，从而形成复杂的多重作用方式。非线性作用的效能一方面取决于建筑功能自身规模、属性的辐射能力，另一方面取决于传递路径的条件和转化方式。依据神经网络的基本原理，在传递途径上的相关单元在自发接受、学习输入信息并向下一单元传递的同时，存在对输入信息的激发，激发的不同状态产生了传递的不同模式。因而这种作用方式也可类似分成阶跃型、线性型和 S 型三种形式。其中，阶跃型导致传递的离散式分布，线性型是与激发总量成正比的连续性分布，而 S 型是由非线性的激发产生的非线性连续分布。在城市中，与该建筑起到支持、互补作用的传递环节往往能使其获得正向的激发，如快速交通环境的建立，沿途相关功能的设置等；相反，则减缓和弱化传递的效果，如一些自然条件的制约，具有竞争类型的功能设置等。

3. 两种功能作用的关系和转化

基于 CA 的城市性和基于神经网络的城市性虽然作用方式不同，但它们在城市系统的发展与演化中存在一定的时序关系。一方面，在城市发展初期，CA 模式居于主导地位，各功能生长点呈圈层式发展。当其中的核心单元获得了规模的增长以及外部条件的激励，则会沿发展的主导方向进行强化，逐渐在局部系统之外构建起网络关联，从而具有了跨区域跃迁的特征。另一方面，在城市网络以外搂入一个高等级激活点，并构建与既有网络的传递路径，则形成对既有网络分布格局的动态调整，同时在激活点的附近，重新构建以其为核心的圈层式局部结构系统，形成新一轮功能 CA 作用模式的转化。由此可见，这两种作用模式并不是绝对的，而是在城市发展不同阶段的结果，随着发展的时序而转换。对于当代城市而言，神经网络模式作用更加关注于城市网络化、区域化发展状态下的整体有序，而 CA 模式聚焦于区域内部的关系建构，二者缺一不可。

（五）建筑城市性的层次关联

建筑城市性的不同层级不是孤立的存在，各级别之间彼此共存，并能随着城市的发展相互转换。共时性和相对性是其相互关系的两种表现。

1. 共时性

共时性是指城市建筑在城市性层次建构中，由于城市系统中不同元素之间的作用在不同层级中同时存在，只是在某一层级中表现的特征相对更趋明显。高层级的城市性包含下一层级的基本特征，不能因其特征的强化，而忽视下一层次的作用效能。同时下一层级的城市性特征，受到上一层级的限定和控制，该级别的城市建筑不以自身城市性特征背离上级层次的制约。因此，城市性的共时性存在使城市中的相关元素之间呈现出半网络化的特性。

2. 相对性

建筑的城市性是建立在城市系统中各空间单元相互作用的基础之上，而城市作为一个典型的复杂系统，自身处于不断的演化与发展过程中，系统的整体特征由城市元素关系的叠合体现。建筑功能的置换、规模的改变、新型交通方式的引入、建筑形态的更新，都将对建筑的城市性等级产生影响，并最终作用于城市整体系统，形成连锁效应。城市性的相对性主要表现在对城市更新过程中，通过对建筑使用性质、空间形态及周边环境的调整与整治，引起其对城市相关元素关联性的变化。

城市性的相对性还体现在由于城市偶发事件对于城市建筑的影响方面。作为历史事件的物质见证，为纪念某一历史事件而进行的建设往往改变了城市的风貌和结构，并成为今天城市的象征和标志。重要的事件总能对已经建设的建筑或设施带来变化……尽管不同国家之间存在着差别，但事件和城市建设之间存在联系是肯定的，这种偶发事件能在一定的时限内以城市建筑对城市整体产生作用，并形成对城市相关元素在短时间内的关联"激发"。由于城市空间发展的惯性，这种激发作用经过一定时间的过滤，或者转化为一种既存的客观存在，继续对城市空间结构施加影响；或者作为一种事件的遗存，被后续的城市建设所淹没、填补，恢复以往的城市特征。

三、建筑城市性的作用方式

处于城市性不同层级的建筑对其他空间单元与城市系统的作用方式是不同的。作用的方式取决于该建筑的功能、形态属性与其所处城市环境的相互关系。城市性的等级越高，建筑对城市系统及相关元素的能动性越强，受城市自然、人工环境的约束越小。城市建筑的作用方式可以分为引导和受控两种。在城市中，建筑对城市系统和系统内不同元素之间的作用可以看作通过这两种作用的叠加而呈现的"合力"。

（一）受控作用

城市性的受控作用表现为城市建筑与城市环境之间存在较为明显的连续性。连续性的产生在于该城市建筑与其周边城市系统相关元素之间的涨落关系限定在一定的量级，以一种"同质""同构"的方式实现城市功能、形态的延续和修补，或对既存的物质环境特征进行部分的移植、转化，从而成为自身形态特征的有机组成部分。

1. 功能受控

功能受控是指城市建筑由于城市性等级的限定，功能的指涉范围受到城市整体功能关系的调配，在社会生产结构中居于相对稳定的地位。功能受控表现在以下几方面：首先，在城市长期的发展、演化过程中，一些建筑的功能缓慢地做适应性的调整，不对城市的功能结构产生大的重组和变更，维持城市功能的相对稳定。其次，城市局部功能的发展与城市的总体功能配置不是同步体现的，城市交通的改变、人口的迁移、新型文化观念的产生和产业结构的变动在城市功能的调整上存在一定的滞后。最后，城市功能配置与基础设施的矛盾在城市用地的相容性、环境容量等方面都会对城市建筑功能发展造成阻碍。因此，城市性的功能受控可视为城市建筑的功能在城市总体功能配置下的调控，通过城市系统各元素之间的功能协调，在可预期的空间范围和作用强度内对城市局部地区进行功能上的延续、填补和更替，是对城市原有功能渐进式的连续和局部的调整、适配。

城市性的功能受控程度由其城市性的等级决定。较高城市性等级的建筑对周围城市功能的依附性较弱，自身功能调配的可能性也较大。功能的调配有自发调节和被动适应两种方式。前者是基于城市整体功能结构基本不变的前提下，通过城市各组成元素之间自发的组织能动地实现；后者是对城市功能结构动态适应的结果，经过一段时间的磨合而达成新的平衡状态。从系统的角度看，这两种调节机制往往交织在一起，共同起作用。

2. 空间结构受控

城市性的空间结构受控体现在城市建筑由于受到外部城市空间结构的影响，而使其揳入城市环境时与既有的城市空间结构同构，表现为城市空间结构的连续。城市的发展总是以原有的空间结构为基础，历史上既存的空间组织原则对现今乃至未来的城市发展格局具有强大的惯性。城市建筑在城市系统的关联层级中，由于作用层级的不同，对所依附的城市结构产生不同的效能。建筑的城市性等级越低，城市空间环境对揳入的物质实体具有越强的空间结构限定，使其在维持结构基本特征的前提下实现空间的"增殖"。传统城市中大量存在的居住建筑和一般性公共建筑就是基于这种空间组织方式实现。古城西安、苏州、北京等城市的艺术价值不在于建筑单体的质量，而在于城市整体结构的完整。在基本的空间组织原则下，单体建筑遵循一系列的规则和标准，体现着政治性和象征性的空间等级。在更为微观的层面上，如住宅的朝向、内部空间的构成方式、宅门的位置和大小等方面也遵循一套固定的规则，建筑的类型和城市的结构之间的关系被严格确定。

宏观层面上的城市结构特征体现在城市各组成要素的空间组织上。不同的城市有着不同的空间格局，体现着城市物质形态与自然环境的结合以及城市的人文特征。城市空间结构可以归结为有机模式、图形模式、壮丽风格模式和网格模式四种。城市性在宏观层面的结构受控即城市建筑在揳入城市空间环境时，以连续性的界面和空间围合反映城市空间结构的基本构成原则，体现出相对整体的空间结构特征，建筑受城市空间结构的制约，以背景化的方式有节制地表现，在城市整体结构框架中有秩序地填补、复制和转换。

在中、微观层面上的城市结构特征分别体现在城市街区内部由城市街巷体系和由院落体系所构成的城市肌理方面。街巷是通往城市空间单元的通道，又是构成聚落的公共活动空间。街巷的走向、层次和构成方式建立了城市次级结构上的基本框架。院落体系在更低一级的结构层面上反映了城市的空间构成原则，同样具有较稳定的组织方式。院落的拓展是在原型的基础上对纵、横方向的拼接、叠加，显示出明确的结构逻辑和空间层次。西方传统城市中的院落组成则是城市外部空间有序化的产物，街区中的空间实体通过外部界面的形成对城市街道进行空间限定，院落空间是对城市空间进行切割后的"边角料"，在空间层次上形成开放空间—半开放空间—私密空间的过渡。

在近现代城市中，街区的肌理构成倾向于功能、朝向、间距等方面的规定性，虽然在结构的明晰度上不及传统城市，但还是能够通过一系列的空间分析方法进行结构的还原。

在中、微观层面上城市性的空间结构受控可以理解为城市建筑在揳入城市环境时通过对城市街巷结构和基本肌理的复制和转换，形成城市空间结构的连续。这类城市建筑的外部环境往往具有稳定的空间结构特征，空间组合关系在长期的演化中相对成熟、完善，对揳入其中的相关元素具有较强的"同化"能力，而成为较均质的"面状"斑块。

3. 形式秩序受控

城市性的形式秩序受控是指城市建筑在揳入城市环境时，建筑的风格、意象、空间、尺度、材质、构造方式等受到其所处城市物质环境的限定，并在这些方面与之相适应。这种连续不是对既有建筑纯粹的模仿，而应根据不同的时代特征有甄别地部分移植。形态的受控必须依附于功能和结构层面的作用状态，不能过度夸大形态延续的重要性，仅从建筑语言上做符号化的装饰无济于事。

风格的延续是通过模仿或抽象，将相关建筑的一些形态特征运用于新建筑的形态塑造过程，达成新与旧、破与立的统一。在当今的设计中，一味对既有建筑形态"克隆"已无法实现或代价高昂，应在现实的技术背景下重塑建筑的文化意义和功能状态，以现代化的技术手段实现传统的"再生"。

意象的延续体现在城市演变过程中所积淀的环境意象特征对揳入建筑所形成的影响以及建筑在传承这种意象时在空间形态上的一致性表述。城市中一些有特色的物质空间是环境意象的组成要素，成为一定区域内的共享意象。这些意象的存在对揳入建筑形态特征起到一定控制作用，使其对区域环境特征做出主动回应。这种有益的形态反馈有助于延续、完善既有城市的意象结构，或以此为基础，建构新的城市意象景观。

（二）引导作用

在城市系统中，当局部与整体的互动强化到一定程度，元素之间的局部规则不再完全受制于系统自上而下的管控，系统体现出局部规则与整体规则的调转，而成为决定系统基本特征的主要方面。这种具有质变性质的作用转换，在城市中体现为功能、形态的一系列"中断"。原有的系统连续被打破，新的秩序标准逐渐发展、成熟，并与原有的规定性共存，表现为"孔洞"（和城市基本肌理形态不一致的区域）的存在，以及"孔洞"之间片段式的拼贴。城市建筑以局部、小尺度的揳入带动更大范围内功能、形态的连锁变化，引导区域的未来发展。

1. 功能引导

城市性的功能引导作用源于原有城市功能的结构性调整以及部分城市功能的引入。在城市的发展过程中，原有的功能布局随着时代的变迁，需要对局部的功能进行调配或者强化，以实现区域经济的发展，需要将局部功能转换为与城市阶段性发展相适应的类型与规模，或将新的功能引入，在资源、公共设施、基础设施、人口等级等方面实现门槛的跨越，达成建筑城市性级别的跃迁。此外，通过将城市公共交通、步行交通、公共空间等因素引入城市空间单元，通过交通和空间的"渠化"，吸引更多人流、物流的聚集，并作为功能的催化，实现对周边城市地段的功能规模的激发，起到以点带面的引导作用。

城市性功能引导的意义在于通过局部的功能调整，在较长时段内对后续城市功能进行动态调整。首先，必须对该城市地区产生较强的功能激化，在较大范围内形成显著的功能涨落；其次，这种功能类型和规模的改变具有区域功能优化的可能，能够吸引更多的相关功能在特定区位的聚合，达到整体效益的提升；最后，这种功能的激化，要在一定的时期内长期存在，实现城市局部功能被动适配向整体功能协调发展的转化，促进城市资源配置的优化。

功能引导的作用强度与城市性的等级密切相关。建筑的城市性等级越高，起到的催化作用越强，对周边地区功能演化的持续作用范围越广，作用时间也越长。因此，需要对城市局部功能的引导做出全面统筹。首先，要建立层级化的功能网络，明确哪些城市区域的功能引导是起关键作用的、哪些是辅助性的；其次，各种功能引导作用应彼此协调、互为补充，要避免引导过程中的重复和缺失；最后，对功能引导做出时序上的规划，根据其城市性的层级不同，优先解决城市重点区域、地段中的功能引导问题。

2. 空间结构引导

城市性的空间结构引导表现为对原有结构、肌理的"异化"，导致空间"孔洞"的存在。城市的功能与结构关系互为因果，城市功能的置换和更迭，必定在城市空间结构上有所反映。结构引导也在城市的宏观层面和中、微观层面均有体现。

在城市空间结构的宏观层面，空间结构的引导性表现为通过建筑的揳入对原有城市的整体空间结构框架产生新的组织方式，使其成为城市新的生长点，引导城市以其为核心进一步发展。地段的生长以一种连续的与"蛙跳"相结合的方式反复进行，形成新的空间结构模式，同时孕育着新的空间生长点。这类结构性的引导往往成为城市新区的空间中心，并与城市原有的空间框架形成内在的关联。

在城市的空间结构中、微观层面，空间结构的引导性表现为局部结构异化，成为该空间斑块向周边地域扩展的主导力量和基本模式，后续的城市建设以此为空间组织的"原型"，以相对稳定的连续方式，实现斑块的向外扩张，并逐步改变城市中、微观层面的结构状态。例如，我国传统城市中大量存在的居住建筑由固有的空间组织原则形成相对完整的肌理特征。随着城市居住模式的改变，以院落为基础的结构模式被以小区为单位的异质性"孔洞"所代替，并作为一种新的结构模式，不断扩大、蔓延，逐渐取代了城市原有的肌理特征。

城市性的空间结构引导依据城市性的层级不同而不同。"孔洞"中心的城市建筑在结构发展位序上优先，具有相对较高的城市性级别，其结构特征也较为明显；"孔洞"边缘的城市建筑，其存在的状态受到"孔洞"及"母体"的双重制约，结构特征相对模糊，城市性级别较低。随着"孔洞"规模的不断扩大，内部结构的规模不断增强，形成对城市"母体"侵略性的扩张，以自身的结构模式取代原有的结构类型，从而使得边缘地区的结构特征趋于明朗，成为"孔洞"核心结构的一部分，边缘地区向城市圈层式蔓延。

3. 形式秩序引导

城市性的形式秩序引导是指城市建筑的形态特征与周边的建筑形态及空间形态具有一定的反差，由于这种反差体现了现代建筑和城市空间的必然发展趋势，而成为该区域建筑共同遵循的形态规则，或对该区域的建筑形态产生整体的控制。

随着城市空间结构中"异质孔洞"的形成，内部空间组织原则发生了本质的转变，并转化为物质形体层面上对原有建筑形态特征的异化。当这种异化符合建筑功能的使用和审美趣味的变化，则成为一种默认的形态模式，成为后续的建筑的形态参照。"孔洞"的发展初期，后续的城市建设以"异质"形态为参照进行组织，通过一系列的延续、转化、更迭，将这种形态特征在街区内部及街区之间延展，最终导致内部相对均质化的"孔洞"或斑块的形成。当代城市土地使用强度激增，反映为城市密度、空间容量的增加，在建筑的形态方面，体现为建筑规模的增大、内部结构复杂程度的提高以及建筑高度的攀升。复合结构、超级结构的产生是这种城市形态发展的结果。

（三）受控与引导作用的时序

城市性的受控和引导两种作用方式不是孤立存在的，城市建筑在城市系统中的作用是这两种作用的"合力"表现，反映出其在城市系统中的不同定位和作用等级。城市性的受控与引导作用在城市发展的不同阶段，有着不同的侧重方面。二者的叠合促成城市功能、形态的有序。城市性的受控与引导作用在城市发展的不同阶段同时存在，持续的作用使城市呈现不同程度的同、异质拼合。

在城市建设初期，建筑城市性的引导作用大于受控作用，在城市的优势区位形成空间的生长点，吸引资源的相对聚集，各空间生长点在功能上相互补充、协调，促使城市整体空间框架的形成。其后的建筑揳入方式表现为对城市整体结构框架的填补，依据所处城市区位的不同以及与各空间生长点关系的强弱，按照该结构模式和形态的参照进行连续性的空间"增殖"，显现出受控为主的特征。当这种空间的"填补"趋于完整，城市系统的各组成元素之间达成功能、形态的相对平衡。城市的发展以及微观元素之间的相互作用，会导致系统内部的动态调整。同时，一系列城市事件的发生以及政策的调整，以外力的形式对城市各空间单元施加影响。在自下而上和自上而下的共同作用下，城市的功能布局、形态特征与原有的平衡状态产生一定的矛盾，需要相关元素适当地调整和改变，以适应系统的改变。当这种局部的变动不足以动摇系统的完整性时，可以通过元素之间的局部调适，保持系统的相对稳定，此时受控作用仍然占据主导地位；当局部的变动需要城市系统做出结构性的重组，则会在城市系统内部出现"异质"斑块，或者在系统以外形成新的生长点，这时引导作用重新占据主导地位，并促使城市系统进入新的演化过程。

受控与引导作用是城市的微观元素和城市系统双向互动的结果，不能脱离城市环境主观地对城市建筑的作用类型加以臆度，也不能忽视城市建筑的引导作用过于保守地维持城市系统的现状。关键在于针对不同的城市发展情况，选择适宜的时间和区位以及适宜的建筑功能和形态揳入城市环境，并通过这种局部的作用有效地在城市整体结构上做出适配的复位、调整和重组。

四、建筑城市性的形态作用类型

城市的发展是一个从均质到异质状态的动态过程。完全均质状态是城市产生瞬间的状态，是一种抽象的概念，只在本体论层面具有意义。正如海德格尔所说，以"存在"作为本源意义的哲学一经产生，便成为研究存在的方式，并马上失去其本源的意义，从而演化成为形而上学。城市的发展也与此类似，城市的初始形态一旦形成，便开始了向异化的转变，并永远无法转回到初始的均质状态，发展过程不可逆转。相对稳定的城市形态其实是城市不同发展时期同、异的拼贴和组合，并随着城市的发展而不断演化。

在城市系统中，城市建筑可以抽象为"点"。"点"通过城市街道、广场和开放空间的连接而成为相互关联的整体。"点"状的城市建筑与城市交通相结合，会随着交通动线的空间连接，产生与相应站点以及步行网络周边空间单元的广泛关联。因此，根据城市性受控与引导的"合力"作用，建筑城市性在城市系统中的作用类型分为具有空间连续特征的点状融合、点状缝合、点状统合以及空间非连续特征的网络关联。

（一）点状融合

点状融合表明城市微观的空间单元对城市系统保持既有的依附性，强化其所处街区、地段的基本特征，而不彰显自身。点状融合作用的建筑在城市性的等级中往往属于相对较低的层次，受到自然、人工环境的制约，表现出系统稳定的连续性。点状融合作用的城市建筑在功能组织方面，与既存城市环境形成同质性连续，扩大原有功能的组织结构，或对其进行补充，使之更加完备；在建筑形态方面是对周边城市空间形态和建筑形态特征的转译、移植，体现出群组形态特征的连续性。

点状融合在建筑形态上可分为主动式的组织和被动式的填充两种状态。前者在融入城市环境时具有一定的灵活性，可以依据总体功能、结构布局进行有针对性的调整，建筑自身的形态特征较为完整。

（二）点状缝合

点状缝合是指通过城市建筑与城市相关元素的关联，使相对"碎片"化的城市组织结构相对完整。它在功能、形态和空间结构等方面同时具有相关子系统的某些特性，而具有整合的可能。通过该类型建筑的接驳和转化，实现不同子系统之间有机的过渡和衔接。具有缝合作用的城市建筑在作用机制上兼具受控和引导两种方式，缝合作用是通过建立揳入建筑与既存建筑之间功能与形态的关联而实现的。子系统 A 内部的某些特征传递至该建筑，并发生部分的异质转化，与子系统 B 的相关环节形成呼应，从而具有双向的连续和引导作用。其意义在于通过城市建筑的缝合与连接，形成更高系统层级的完整。

在街区—地段层级，点状缝合的形态作用体现在对城市街区不同建筑在空间结构上的整合，自身的形态特征不以功能为出发点，而是对既存建筑环境的回应，往往表现为各种关系、线索的叠合，是一种结构性的复原。这种点状缝合通常采用"同质缝合"的策略，使揳入的建筑与原有的建筑环境有机地统一。

（三）点状统合

点状统合是指城市建筑由于其自身功能、形态的特殊性，与周边建筑环境存在较大的涨落，周边建筑环境以其为核心的组织方式。这类城市建筑具有三方面的特征：首先，它是城市整体结构框架的基础，对后续结构的扩展和填充起着关键作用；其次，它在形态上突出城市背景，具有一定范围内的标志作用；最后，由于其功能和形态的引导作用，能促进其周边建筑环境围绕其进一步演化。在形态上表现为其建筑高度、规模对周边建筑的统摄，或形式的"异质"。其揳入的方式有"同质异化"和"异质对比"两种。在"同质异化"状态下，表现为通过对城市既存建筑形态某一方面特征上的强化，使其具有超出参照物的高度、规模等特征，而其他方面与参照物基本保持一致。

城市是一个具有层级性的系统，城市建筑的点状统合作用在城市中依据其城市性等级的不同而具有层级性的差别，同时又相互关联、制约。城市性的级别越高，对城市的统合作用越强，相对于均质化的城市背景，其"异化"的程度越高，标志性和可识别性也就越高。

（四）网络关联

城市建筑的网络关联作用可视为通过城市快速交通系统的连接，超越地理空间的约束，在城市尺度上实现更大规模的关联与参照，表现为建筑功能和形态在空间的非连续状态下，在宏观层面对城市整体秩序的作用。在传统城市中，受制于交通方式，时间与空间在一定程度上是一致的，空间的距离决定了可达性的强弱。而在当代网络化的城市中，多种交通方式的并存使得空间距离不成为影响地点可达的唯一因素，而与交通的速度以及交通动线与城市空间单元的连接方式密切相关。人群在空间转换中的时间因素强于距离因素。同时，随着人、物和信息的交通运输速度的提高，人们经济生活和社会生活的空间尺度也按比例扩大。片段式的拼贴在城市交通的关联下成为意象中的连续，城市的物质构成以一种"超文本"链接的方式体现。在"超文本"的社会中，时间的连续取代了空间的连续，通过心理感知压缩了物理空间距离，产生跳跃性的空间意象和功能联系。在当代城市中，城市快速交通系统（地铁、轻轨等）的存在使得不同维度下的空间联系和作用成为可能，并通过这种作用方式在城市系统不同层级传递，实现对城市系统整体秩序的重构。

城市建筑网络关联作用体现于其在城市网络体系中对城市整体功能与结构的相关和互动。通过城市快速交通系统的串联和衔接，促使均质发展和轴向发展的城市空间发展向以交通转换枢纽为中心的地区聚集，形成一定的空间结节。该聚合地区由于占有区位上的优势，有利于产生与之相对应的功能集合，在城市空间网络中形成地区性的功能适配。各聚合节点在功能上彼此相互补充、支撑、调配，适应于当代城市整体功能的有效发挥。同时，功能作为结构的一种特殊表现形式，其网络化特征对城市的空间结构施加影响，导致原有以该节点为中心的点状空间集合进一步系统化、层次化。在此过程中，低层级的城市单元有可能实现向上一网络层级的跃迁，同时随着城市产业结构的调整和局部功能的衰退，也可能导致原有的高级别网络节点向低层级的转变，演化过程具有动态性和相对性。

城市结构的网络化是通过空间节点和线性连接形成的，因此城市建筑的网络关联作用的实现必须基于该节点和路径的城市化与社会化。通过将城市街道引入建筑空间，使中庭空间成为城市交通的集散枢纽，建筑屋面成为城市广场等措施使城市建筑与城市空间体系紧密咬合、连接、渗透；通过多层次的步行交通网络的建立、多种城市功能在建筑内部的复合，使以往只能由城市设计操作的城市问题转化为建筑的基本命题。

第二节　建筑规划设计

一、建筑规划设计在城市规划建设中的重要性分析

（一）建筑规划设计与城市规划建设概述

1.建筑规划设计的概念

在城市建设发展中，科学合理的建筑规划设计是非常重要的。它对城市的科学合理布

局有着十分重要的影响，不但能够充分凸显城市文化特色，同时对于城市形象的美化也有着非常关键的作用。建筑规划设计，即在城市建设工程实施之前，根据建筑的属性和建筑需求，进行合理的建筑规划，并对建筑的外观、建筑材料等进行合理的规划设计。好的建筑规划设计是现代化城市建设的基础和必要条件，是城市内部建筑功能和建筑用途的基本体现。合理的建筑规划设计，不仅能够满足人们的基本生活需求，还可以很大程度丰富人们的精神世界。科学合理的建筑规划设计，是落实可持续发展战略的基本前提、提升资源利用率的有效途径。只有真正地提高建筑本身的使用价值，才能够为城市发展创造更多可能性。

2.城市规划设计的概念

城市规划设计对城市的经济发展有着重要意义，它是基于城市整体结构而进行的规划设计。城市规划设计需要有关部门对城市的经济发展水平、城市的文化特色、城市的人口数量以及城市的整体土地资源等进行系统分析和了解，这样可以使规划设计和城市发展现实情况相符合。我国是一个人口大国，无论是人们的住房设计还是公共场所的设计，都应在符合我国的基本国情和国家发展需求上进行。因此，合理的建筑规划设计不仅可以将城市空间结构进行充分优化，还能有效保证每一寸土地的合理使用。通过对城市交通规划、城市景观、地下管道、绿化面积等进行科学布局以及合理规划，为我国的城市居民提供更舒适的居住环境。

（二）建筑规划设计在城市规划建设中的重要性

建筑规划是基于城市的整体规划建设而进行的，是一个城市规划建设的具体体现，建筑规划必须以城市的整体布局为依托，对城市内部的一些建筑项目展开合理的规划设计，让其能够体现城市的发展特色，在具备基本的使用价值之外还能够为人们生活以及城市发展提供更多用途。此外，建筑规划设计还能够直观地反映出一个城市的市容面貌和发展水平，是城市文化的具体表现。

1.建筑规划设计是城市可持续发展的基础

随着我国科学技术不断发展，建筑行业工程水平进一步提升，在进行建设过程中，根据城市的发展情况、国家的相关政策等，采用更先进的技术手段，使用更环保的建筑材料，不仅能够确保建筑工程的质量，还能够使建筑本身更具环保性。通过对城市整体结构的合理规划，加强对城市内部建筑群的规划设计，不但可以促进城市的宏观发展，还可以确保其发展的稳定性与合理性。

在一个城市的建设和发展中，建筑是一个必不可少的组成部分。为确保城市规划建设目标的实现，必须加强对建筑规划设计的重视。随着社会经济的迅猛发展和城市化脚步的加快，城市人口逐渐增加，为使城市居民基本生活需求获得充分满足，需要对建筑规划设计的重要作用予以关注。当前，我国建筑行业起着极为重要的经济拉动作用，但其发展对环境和自然资源产生了部分负面影响。直到目前，我国建筑业能耗较大，各种大型建筑工程不但需要耗费一定的国土资源，而且施工还会对环境产生一定程度不利影响，使自然生态受到破坏，无法满足可持续发展基本要求。由于全球气候变暖，环境问题逐渐凸显，政府及社会加大环境整治和保护力度，通过宣传等必要手段提高人民群众环保意识，推动城市持续健康发展，已成为现代化城市建设的重点考虑内容。因此，在建筑规划设计中，设计人员应考虑建筑的合理性和实用性，回归建筑本身价值和意义。并且在建设期间，要节约资源，减少环境污染，确保城市建筑规划设计对城市化进程的促进作用。通过对建筑方案进行规划、设计与调整，可以将建设成本降至最低，不但可以进一步提高资源利用率，同时促进了城市可持续性健康发展，减少资源浪费，节约资金，从而实现城市化发展目标。

2. 建筑规划设计决定着城市规划建设的场地构成

城市的整体规划以及各区域功能划分，对城市的发展具有重要的意义。所以，根据城市内部结构，以及人们不同的生活需求，对城市进行功能划分是非常有必要的。立足于宏观层面，为提高土地利用率和确保空间布局规划的科学性和合理性，政府需要实行统一性规划并根据现实情况将城市划分成不同区域，确保其可靠性和合理性。

城市规划路径受到人为及其他相关因素的共同影响，很容易产生各种潜在性问题，对城市后续发展也会产生一定的不利影响。一个大城市的发展是一个长期积累慢慢形成的过程，这离不开城市规划设计的不断完善和实践。为了顺应城市宏观长远发展计划，城市内部各区域的具体建设以及功能区的规划，需要依据市场发展情况进行判定。

城市整体规划设计的实现需要依托建筑设计者实践来完成。建筑设计者根据建筑使用功能，通过建筑布局、朝向、功能划分、结构设计等基础设计，使城市建筑对城市发展发挥价值，通过自身功能性重塑完善城市规划系统。

3. 建筑规划设计是一个城市文化特色的体现

我国的建筑规划设计理念在很长一段时间处于相对比较落后的状态，随着社会经济发展、时代变迁以及群众生活水平的不断提高，其水平已有了很大提高，很多城市规划中的建筑规划设计，更加现代化、科技化，不断地跟随时代的脚步。城市规划设计也积极创新，借鉴建筑规划设计发展路径，积极吸纳和消化国外先进设计理念，结合我国国情，打造出具有中华文化特色和适应我国城市发展需要的城市脉络和建筑群风格，充分发挥具有中国特色的社会主义优势，不断推进城市化进程，维护城市的持续健康稳定发展。

首先，在建筑规划初期，结合城市历史背景研究城市发展脉络和现状。建筑是城市的标志，也是城市的重要组成部分。要通过城市建筑体现城市特色和文化，让城市形成自己独有的性格，建筑规划在其中发挥着极其重要的作用。设计师在针对单体建筑或建筑群进行总体规划设计时，要充分考虑城市的整体布局和城市文化脉络；设计师在规划设计时不仅要考虑建设投资成本，同时还要确保建筑规划设计符合城市可持续发展要求，要以较安全环保的方式完成整个建筑工程的建设与运营。对于设计人员，从其自身专业能力角度看，需要将规划设计理念与城市文化脉络有机融合，这样不但可凭借建筑彰显城市特色，同时还使建筑的代表性充分展现，进而为城市打造新地标。

其次，建筑设计在城市规划设计中的重要性体现在对城市建筑活动的约束。对于城市建筑设计，建筑设计人员不仅需要完成建筑工程设计，还要对整个建筑区域进行科学合理规划，对建筑的场地、位置等进行充分考虑，要根据城市的整体规划、区域周边现状以及建筑功能使用性质，确立相应的设计目标，在此基础上计划与实施有效的建设安排与活动。

优秀的建筑规划设计者，会根据城市的人口分布特点和空间结构进行全面分析，提出有针对性的规划设计方案。好的建筑规划设计会一定程度提升所在城市的整体知名度。建筑结构的合理设计，使人们基本的生存需求获得满足，充分发挥空间结构作用，使其符合人们对生活和娱乐的基本需求。合理的建筑规划设计，是推动城市健康发展的条件，也是城市精神文明建设的物质前提之一。

4. 建筑规划设计是提高人民生活水平的保障

建筑规划设计的主要目标之一就是给城市居民提供良好的生活环境和居住环境，为促进城市良好发展提供前提条件。人们无论生活、居住或工作，都需要依赖建筑空间场所而进行。这就意味着建筑规划设计无时无刻不在影响着人们的生活质量。科学的建筑规划设计，不仅能很好地满足人们学习、工作等活动的空间场所需求，同时也为城市的整体建设提供空间架构依据，进一步保障居民的生产、生活需求。无论是哪种社会生产活动其本质都是服务于人民生活，城市规划建设也如此。建筑规划设计应秉承以人为本，以人民需求为核心而进行。当基本生活需求得到满足时，人民对精神文明的追求有了更高期望，城市的公共场所，不仅要彰显城市文化特色，还应以服务人民为核心，充分考虑人民的精神需求。通过对公共场所的规划设计，来体现城市不同的人文情怀，优化城市结构，进一步实现城市规划中以为人民服务为核心的城市建设目标。

在现代化进程下，人们对于建筑的需求已从基本满足居住所需，逐渐转换成精神寄托和日常起居的双重需求，这说明现代化城市建筑不仅要实现建筑基本功能，还应对居民聚集区的绿化、公共设施、文化景观等方面加以提升。住宅在实现基本居住功能时，还应尽可能满足人们的精神需求，为人们创建更多的文化休闲场所，不仅为人们提供一个轻松舒适的居住环境，还要尽量让每个居民在精神层面得到满足。设计者在可控成本内充分考虑如何实现建筑的各方面功能。若能在建筑规划设计过程中，对各种问题加以充分考虑，并给出较完善的解决方案，那么会对城市的发展起到积极健康的作用，也为改善人居环境、提升生活品质、丰富精神生活提供物质基础。

立足长远，城市的规划设计对城市发展具有重要的现实意义，它是促进社会经济发展和城市建设进程的前提条件。对于设计工作者，必须学会通过合理的规划设计方案，具备先进设计理念和合理的城市结构分析，积极落实我国可持续发展战略要求，打造生态文明和人文协调发展的现代化城市布局，促进城市健康可持续发展。

5. 建筑规划设计能够确保城市功能建设的合理性

城市的服务职能主要包括环保以及经济职能，现代化城市发展中逐渐对居民居住体验感予以重视。当前我国提高了对于城市生态文明建设的重视程度，并将城市服务职能和环保性进行了有机关联，建筑建造、设计以及用料环保程度逐渐成为城市绿化开发的关键形式，同时建筑样式、风格是对城市活力的重要体现。城市发展中，人们对城市文化以及精神文明建设进行了关注，而对于建筑设计，其能够使城市风貌获得充分展现，科学合理的城市建筑规划设计对于城市发展能够起到促进作用。建筑规划能够使城市内部发展关系获得有效协调，进而使城市发展内在活力获得充分展现。供给侧结构改革以及产业结构优化升级背景下，需要立足于建筑设计层面展开城市规划，确保郊区和城区经济的持续性发展，进而推动城市现代化建设。城市规划合理化过程就是调节人与城市发展的矛盾，确保城市资源的优化配置。建筑规划以及设计需要立足于选址层面展开，并和居民生活需求以及城市发展规划相结合展开整体性思考。建筑规划对于商业发展以及人口居住密度有着非常重要的作用，城市发展和人口推动息息相关，并且城市主要是为居民提供服务，需要以人类居住满意度为前提促进城市发展和个人需求之间的有机协调，并依照不同功能对工程建筑类型进行合理划分，确保同类型建筑之间的相互整合，确保工业区能够远离城市，进而为后续城市用地的开发提供有力保障，使其经济效益以及社会效益获得充分保障。

综上所述，建筑规划设计对于城市整体规划建设有着至关重要的作用，是城市可持续发展的基本前提，同时一个城市的建筑不仅彰显了城市的发展面貌，也是城市文化特色的体现，还是一个城市历史文明的传承。无论是社会的进步还是城市的发展，都需要依托科学合理的城市规划建设。这说明建筑规划设计和城市的规划发展进行有机结合，是促进城市发展、提高人民生活水平的基本保障，也是促进我国特色社会主义建设的前提条件。

二、建筑规划与设计的一般程序

本书的建筑设计主要指建筑方案设计，是建筑师思考设计问题，创造性地寻求解题思路、解题途径的过程。其中发现问题并创造性地解决问题是关键。任何设计活动从始至终都有一个延续的时间段，是一个不断推进的系统工程，建筑设计也不例外。过程性是设计活动的一个重要特征，设计的各个阶段是按照一定的可推断和可辨别的逻辑顺序组织起来的。从表面来看，建筑师从接受设计任务到提交解决方案再到最终实施，必然会采取相应的措施，而这些措施在时间上也必然存在一定的顺序，并且过程是可以掌控的。而事实上，设计是动态的并非不变的，各个阶段只有按照单一线性模式发展，经常出现反复和交叉，同时也无法简单表述每一部分的内容。因此，整个建筑设计过程实际上是一个复杂的工程。在实际项目操作中，由于建筑师的经验、思维、方法和所受教育程度不同，所采取的途径也必然带有个人色彩，对于建筑设计的初学者来说，仍须遵循一定的设计程序，在"陈规"中掌握整个设计过程和内容是走进设计领域的必经之路。许多学生往往只重视设计成果，而我们需要重视的是设计的过程重于成果。

（一）开始准备阶段

1. 信息输入

建筑师从接到任务书开始着手建筑方案设计，首先要面临大量设计信息的输入工作，这是设计过程的第一个步骤，是建筑师开展方案设计的前提，输入的信息越多、越丰富，对之后的设计工作的开展越有益，并能充分掌握设计的内外条件与制约因素。通过现场勘察和查阅资料收集外部环境条件、建筑内部要求、设计法规、实际案例等资料。

2. 分析

上述所有输入的设计信息相当广泛而繁杂，这些原始资料都是未经加工的信息源，它们并不能直接产生建筑方案。建筑师必须运用逻辑思维手段对诸多信息进行分门别类，逐一分析、比较、判断、推理、取舍、综合，从杂乱的信息中理出方案的源头来找到突破口。这是个人分析能力的体现，也为设计目标的实现奠定了基础。

（二）构思阶段

1. 理念构思

信息经过分析处理后，建筑师开始发挥丰富的想象力进行设计理念构思，主要指构思的逻辑思维活动，可以运用多种构思方法。例如环境构思法、功能平面构思法、哲理思想构思法、技术法等，并运用概念式、意念型的草图将这些灵感表现出来。但想要实现这些想法，还将面临一个艰苦的探索过程。

2. 方案初步生成

这个初步方案是构思意念的初步形成，这个毛坯方案包含了外部环境条件对方案限定的信息，包含内部功能的要求，包含了技术因素对方案提出的条件，还包含了建筑形式对方案构建的方式，等等。此时的构思简单粗糙，需要进一步孕育和发展。继续深入发展成有前途的方案，需要建筑师去探求解决方法。在此阶段将对信息的逻辑处理转化为方案的图示表达，已经由意念构建阶段过渡到意象形成阶段。

3. 完善阶段

（1）方案深化与评估

这一阶段的主要工作是将构思出的草图方案进一步深化。在深化之前的主要工作是进行多方案的比较，在前一阶段，设计师充分拓展自己的思路，多渠道地寻求设计方案，必定形成多个方案，在这多个方案中不可能有一个是十全十美的，我们只能通过比较选一个相对最有发展前途的方案。选定以后再根据具体的设计条件，通过形式思维、逻辑思维进行深入设计，包括对建筑环境的整合、建筑空间形式的确立、空间功能的推敲、比例尺度的拿捏等方面，并配合逐步细化的表现形式，包括模糊性草图、比例草图、体块模型、结构模型、环境与建筑模型，等等。

在设计方案基本成形以后需要对其进行自我评估。主要是与任务书的要求核对，确认对一些经济指标的评定是否合乎规范。主要体现在建筑的功能和效能方面如发现有偏差，及时校正调整。

（2）成果输出

建筑设计方案设计最后成果必须以图形、实物和文字等方式输出才能体现其价值，一是作为建筑设计进程中下一个阶段工作的基础；二是设计者自身能够审视全套图纸做进一步评价，提出完善和修整意见，以便指导后续设计工作；三是使建筑设计创作成果能得到公众的理解与认同。

从建筑方案设计的全过程来看，设计过程的六个部分是按线性状态运行的。即建筑师从接受设计任务书开始，立刻投入信息资料收集的各项工作中去，并尽可能地充分掌握第一手资料，按任务书要求对这些信息进行分析处理，以此构思出相关设计理念，意念草图，再通过一番比较，选择出一个特色鲜明又最有发展前途的方案进行深入设计，最后将这个方案对照任务书和相关规范，进行评估后用图示文字等手段输出。

大多数建筑方案设计工作是按照这个程序完成的。这个过程有助于设计者按各个层面去观察设计问题，去认识相互关系。然而，实际设计工作中，这六个部分往往不是按线性顺序直接展开的，有时会出现局部逆向运行，例如当进行后一部分设计工作而怀疑前一部分设计工作结果有偏差的时候，为了检查和验证前一部分设计工作的结果性、正确性，需要暂时返回，把前后两部分工作联系起来观察、审视。只有确认上述环节无误后才能继续前行，这就说明设计过程的六个步骤并不是绝对按照顺序的，有时任意两个部分都存在随机性的双向运行，因而形成一个非线性的复杂系统，似是各个部分总是处于动态平衡之中。所以设计过程是一个"决策—反馈—决策"的循环过程。

得心应手掌握设计过程的运行是每一位设计者，特别是初学者在建筑设计方法上应努力追求的目标。任何一个行为的进行都有其内在的复杂过程，特别是建筑设计行为。因为它涉及最广泛的关联性，宏观上可关联到社会、政治、经济、环境资源、可持续发展等范围；中观上关系到具体的环境条件、功能内容、形式材料、设备等因素；微观关系到建筑细部，人的生理、心理等细微要求，虽然关联因素复杂，但事物的发现都有其内在的规律性，只要设计行为是按照一定的规则性和条理性形式，即按正确的设计程序展开，掌握了设计脉络，就能正常发展。

以上我们从操作的角度将建筑设计过程分成三个阶段六个步骤。其实建筑设计过程也是创作思维不断进展的过程，并且思维内容需要用一定的外显方式来体现，即思维的表达过程。因此，我们认为建筑设计从某种意义上说还是一个不断思考、不断表达的过程。诗人通过文字、画家通过绘画向人们传达他们的思想。对建筑师而言，其思维表达的方式更加宽泛，语言文字、图纸、模型、计算机演示等都是我们用来表达的语言。建筑师的思维表达不仅有助于向外界传达信息、交流沟通，同时也是创作主体自身思维最直接的反映，它有助于我们按不同的阶段进行优化选择，以帮助我们整理思路，记录过程，完善思考，最终达到目标。

认识思维过程与思维表达的相互关系对建筑师来说非常重要，这会使建筑创作成为一种手、脑、眼协调工作的整体过程。在建筑设计的整个过程中，思维与表达互为依存，一个阶段的思维必须借助一定的表达方式帮助记忆，借助一定的表达方式来进行分析，从而有步骤地进入下一个层次。因此，思维过程、思维表达与设计整个过程具有一致性的特征，都是由不清晰到逐渐清晰的一个非线性的过程，尽管其中有相当程度的不确定性、模糊性和重复性，但总的趋势呈现出从模糊到清晰的渐变特征。因不同阶段研究表达的方式和侧重点不同，希望在阐述设计表达的过程中，对建筑设计的三个阶段进行更深入的剖析，使整个设计的过程更趋完美。

通过以上分析，我们在建筑设计一般过程的基础上针对环境建筑设计总结出设计过程中的设计思路、设计表达和设计思维的特点。

①设计思路是从整体到局部的一个渐进过程：环境设计—建筑设计—细部设计。接到设计任务书后，一方面，对设计任务书、场地环境、建筑功能等展开理性解读和分析；另一方面，收集相关资料，展开感性的思考，进行设计概念构思。在对设计条件全面了解之后，把握大关系，逐层推敲与深入。

②设计表达是由朦胧到清晰、由粗到细的过程。在理性分析与感性思考的基础上，设计表现为模糊性草图—按比例绘制的草图—深入发展的方案—最终定稿—方案成果表达。整个表达的形式从粗放的概念草图开始直到最后越来越精细。

③设计思维是二维与三维同步思考的过程。建筑是三维的，这也决定了建筑设计必须是三维的。因此，设计不应该仅仅停留在二维的平面草图上，而应该结合立面与剖面同步考虑。另外，应借助能直接反映建筑体量与造型的研究模型，及时调整方案，熟练二维和三维相互转换的设计思维方式。

第三节　城市建筑规划管理工作

一、城市建筑规划管理的重要性

从历史的角度观察，建筑的发展在一定程度上能够直观地反映出人类进步和发展的过程，建筑建设是伴随着人类历史进步而不断发展的，城市建筑规划与城市空间环境有着密切的联系，两者间的关系也是在不断变化和发展的。在通常情况下，无论是古代的建筑还是现阶段的高楼大厦，在建设规划的过程中都要满足与环境协调一致的原则，给人们营造出良好的城市空间环境，从而促进城市的现代化建设和可持续发展。现阶段，城市建筑数量在不断增多，这直接影响到城市环境。城市建筑是城市环境的重要组成部分，城市建筑布局设计和规划直接关系到城市整体环境，是城市环境和形象的重要体现。城市的整体环境是由多个部分构成的，并且处于特定地理环境空间中，组成城市环境的各部分之间存在着紧密的联系，相互依存、相互制约，这主要是为了促使城市整体环境能够有效保持平衡的状态。无论是什么样的城市建筑规划，都应当与城市环境中的其他因素保持良好的协调关系，通过这种方式不仅可以有效实现对城市整体结构和秩序的维护，还可为城市树立良好的形象，提升城市的整体影响力。除此之外，城市建筑规划在一定程度上对人们的生活方式有着重要的影响，城市建筑规划的特定布局和结构促使城市居民生活特定环境的形成。综上所述，通过对城市建筑进行科学合理的规划，在一定程度上可以有效提升城市居民生活质量水平，为城市树立良好的形象，提升城市影响力。

二、城市建筑规划过程中存在的问题

（一）城市建筑规划设计未得到有效统一

城市建筑规划工作至关重要，但是在现阶段城市建筑规划行业中，建筑规划并没有达成共识和统一。从城市建筑规划设计概念角度看，其实际含义较为广泛模糊，城市建筑规划设计并没有得到完全的普及，并未被明确确认，这在一定程度上限制了城市建筑规划的发展。虽然近几年我国在城市建筑规划方面取得了良好的成果，但是与发达国家相比还存在着很大的差距。许多西方国家在城市建筑规划设计方面已经设置了完善的建筑规划设计

评价标准，如建筑艺术标准、文化传统标准、历史保护标准、环境关系标准、城市改造标准、人行区综合使用标准等。这足以看出我国在城市建筑规划方面与西方国家存在的差距，我国应积极地学习发达国家的建筑规划设计经验，不断完善城市建筑规划。

（二）建筑规划管理部门职能存在不足

现阶段，我国的城市建筑规划管理综合水平较低。城市建筑规划管理工作通常会包括多方面的内容，由于受到某些不良因素的影响，建筑规划与许多城市其他专业规划出现了不协调的现象，难以保障城市建筑规划有效实施，严重限制了城市建筑规划发展。造成这种现象的主要原因是城市规划部门职能权威不足，导致城市规划无法有效实施。城市规划管理部门管理职能还处于模糊的状态，难以有效保证相关工作有效开展和落实。虽然许多城市为了能够有效提升建筑规划管理水平，对建筑规划部门管理职能进行了多次调整，但是并没有取得良好的成果。造成这种现象的主要原因是建设规划管理、建筑规划管理权限、房地产行业管理等方面的意见存在分歧，严重限制了城市建筑规划发展。

（三）城市居民对城市建筑规划认识程度较低

除以上两点内容，阻碍我国城市建筑规划发展的因素还与城市居民对城市建筑规划认识程度较低有关。在城市建筑规划的过程中许多城市居民为了私利，直接导致城市建筑规划工作无法正常地开展，尤其是在大城市建筑规划过程中。例如，在某些城市公共建设规划活动中难免会对城市居民集体利益产生不良影响，许多城市居民甚至集体阻止公共建设规划实施，工作阻力非常大，直接导致相关的施工作业活动无法进行，这在一定程度上也体现出城市居民法治观念较为淡薄。

（四）规划法规与城市规划不协调，法律监督机制不够完善

在城市建筑规划的过程中，虽然合法但是不合理的现象和违规现象普遍存在，从而导致规划法规与城市规划管理不协调的问题发生。我国相关的城市规划法律规章制度不完善，应用效果较差，如《城乡规划法》。除此之外，现阶段城市规划管理热潮已经开始，盲目无序的规划管理行为越来越多，极不利于城市建筑规划发展，城市规划难以有效实现对城市的有效调控，这主要是由于城市规划时间比较短，没有充分做好相关的准备工作。城市的发展和乡镇的发展存在着非常大的差距，在规划管理方面脱节现象十分明显，而且规划管理工作比较混乱，甚至某些城市在开展旧城改造的城市规划中，并没有充分实施相关的措施对名胜古迹进行有效保护，从而造成名胜古迹被破坏。

三、城市建筑规划管理策略

（一）统一城市建筑规划理念

在城市建筑规划管理的过程中一定要统一城市建筑规划管理理念，紧跟城市的发展步伐对建筑规划理念进行不断的创新和优化。在城市建筑规划过程中应始终坚持科学合理的规划原则，不断完善城市规划科学管理工作，不断深化和细化综合性的城市建设规划管理工作。除此之外，对城市基础设施和空间布局应根据城市的整体情况进行科学合理的规划设计，在城市建筑规划之前应采取科学合理的方式对城市整体情况进行定性、定位和定向。在城市建筑规划的过程中一定要保证城市总规划、功能分区以及专业规划与城市发展情况相符合，否则极可能造成城市发展不协调的现象发生。同时，在城市建筑规划的过程中一定要保证城市局部与整体的关系、近期与远期的关系，并做好相关的协调工作，在城市规划过程中尽可能不触及民众的利益，而且还需要充分结合城市长期发展的利益和整体利益，不断提升城市规划的合理性，为城市发展树立良好的形象，不断提升其影响力。

（二）建筑规划与城市环境相适应

城市建筑规划对城市的发展有着直接的影响，在城市规划的过程中常常会受到多种因素的不良影响，应综合城市规划影响因素对城市建筑规划进行科学合理的设计，尤其是特定环境因素和人为因素。建筑规划应当与城市环境保持良好的协调关系，应满足时代发展的要求，对城市资源进行科学合理的利用，从而达到中国特色城市建设目标。在通常情况下，城市环境包括自然环境和人文环境，不同城市的自然环境和人文环境有着较大的差异，这主要受到地域气候环境和城市文化的影响。无论在什么地域的城市，在开展城市建筑规划的过程中一定要保证与城市环境相适应、相符合、相协调，绝不允许发生与城市内部秩序相违背的现象，促使城市整体结构处于稳定发展状态，不断推动城市整体格局合理化发展。

（三）城市建筑规划需要融入城市文化特色

不同地域的城市建筑都有其独特的建筑特色，能够直观地将城市历史发展呈现出来。建筑特色是历史积淀与文化的结晶，因此在城市建筑规划的过程中一定要融入城市发展特色；同时，建筑特色也是城市物质生活、地理环境、文化传统的产物，因此在城市建筑规划的过程中一定要将城市文化特色充分地体现出来，从而促进城市建筑、环境、文化协调稳定发展。在城市建筑规划的过程中需要对城市地域特征、人文文化以及气候特征展开准确定位和全面分析，从而促使城市建筑规划与城市内在秩序相融合稳定发展，尽可能防止千城一面现象发生，深化发展特色城市科学合理的建筑格局。

（四）构建完善的规划法规体系

城市建筑规划发展离不开法律的支持，在城市建筑规划过程中一定要科学合理地使用法规管理手段，城市规划行政管理部门一定要加强对规划法规体系的构建，绝不允许城市规划违法现象发生。在城市建筑规划的过程中一定要将《城乡规划法》作为城市规划管理基本依据，对地方法规、行政法规等不断完善，加强对城市规划、经营管理以及城市建设法规体系构建和完善。在法律法规的支持下不断提升城市规划水平，促进城市建筑规划稳定发展。

（五）与政府进行良好沟通，构建网络系统

为了能够保证城市建筑规划工作顺利稳定地进行，一定要得到政府的支持，而且还需要构建科学合理完善的网络系统。随着社会的快速进步和发展，城市建筑规划管理部门也应当不断进步和发展。城市建筑规划对于城市发展信息获取的准确性、及时性以及可靠性有着非常高的要求，只有获取准确的城市发展信息才可能为城市建筑规划决策提供有力的数据基础，进而保证城市建筑规划的合理性。城市建筑规划工作应当得到政府的支持，政府应尽力帮助建筑规划部门构建科学合理完善的信息库和网络系统，从而不断提升城市建筑规划水平，促进城市的稳定发展。

随着城市现代化建设，城市建筑规划管理工作的地位在不断提升。城市建筑规划管理工作在一定程度上能够有效实现对城市整体空间布局的协调优化布置，可以为人们营造良好的生活环境，促进城市的现代化建设。在城市建筑规划的过程中一定要与城市环境相协调、统一规划理念、融入城市文化特色、构建完善的网络信息系统。

第七章　生态城市规划体系构建

第一节　生态城市规划基础理论

一、生态城市内涵

生态城市是满足人的良好发展和自然环境健康的城市模式，其主旨就是实现两者协调。从与大自然相处的角度，必须做到尊重自然、尊重生命，且能促进自然的循环再生；而从城市社会发展角度，则要做到友好、便利、健康、文化多样的发展，使生活在其中的居民身心健康，共同成长。与传统城市发展模式相比，生态城市就是气候适应、便利的公共交通与慢行系统、绿色能源高效利用、尊重自然环境等城市健康发展的代名词。

（一）生态城市的基本内涵

生态城市基本内涵包括了如下内容：与周边区域相互协调，带动周边区域社会经济绿色发展；形成土地平衡混合利用、集中与分散相平衡的城市网络结构；拥有适宜的地方经济，为居民提供良好就业机会；文化与社会多样性发展，居民身心健康、幸福；鼓励步行、自行车及公共交通，减少城市居民对小汽车的依赖；拥有开敞绿地，城市环境舒适，对土地损害最小化；废弃物循环再利用，水资源循环集约利用，与自然和谐相处。

1. 健康的城市

生态城市首先应是一个健康的城市，拥有着新鲜的空气、明媚的阳光、开敞的活动空间，整个城市的自然与人工设施环境运行健康，给城市居民提供舒适、清洁、安全的社会生活条件，满足城市居民对于身心健康的追求。

2. 协调的城市

追求城市与自然生态之间的平衡，社会—人—生态之间协调是生态城市的本质特征。单纯的经济发展或者生态环境保护或者社会高度集聚均不是生态城市所追求的目标，也不能够成为生态城市发展目标。生态城市应该是一个协调的城市，城市各系统之间协调共存，在为城市居民打造舒适生活环境的同时，注重城市居民自身的发展与生态环境的维护。

3. 可持续的城市

可持续是生态城市规划建设所必须实现的目标，城市建设规模、人口规模及交通规模均不应超过城市资源环境所能承受的范围。生态城市建设中应合理地统筹城市近期建设与远景目标之间的关系，避免近期建设与远景目标的脱节。

4. 健全的城市

生态城市需要配备绿色的交通系统、方便快捷的信息系统，拥有完善的低碳基础设施作为支撑，配合高品质的城市公共服务，满足城市居民的多种需求。

（二）生态城市规划建设基本准则

1. 维护良好的生态环境

良好的生态环境包括清洁的空气、安全的水资源、绿色的能源与健康安全的环境，这是生态城市发展的生态支撑。

2. 完善的城市基础设施

完善的城市基础设施包括便捷的城市交通设施、满足需求的适宜的住房、可达性强的城市公共服务设施（包括医疗、教育、体育、福利等）、为城市居民提供充分的就业机会，这是生态城市建设的硬件设施。

3. 形成包容的文化氛围

生态城市应促进文脉的延续与发展，尊重本地文化的同时，包容外来文化，方便不同人群相互间交流。

4. 发展环境友好的经济

生态城市需要以强劲的绿色经济作为支撑，为城市发展提供动力，满足人们不断增长的生产、生活要求。生态城市的经济以生态经济为导向，实现精明增长。

5. 和谐的社会文明意识

生态城市内的居民与政府等机构应具备高度的社会责任感，保护环境与促进社会和谐发展的自觉性，以生态文化作为重要价值观，共建共享自然、城市与人协调和谐发展的城市社区。

二、生态城市规划设计理念分析

（一）可持续发展

可持续发展理念是以长远视角对相关发展活动进行审视，要求其既不能过于保守，又不能过于激进，体现在生态城市规划设计中，则是要求规划设计活动既要充分满足当代人的需求，也要避免对后代人的发展造成危害。该理念倡导以下三项基本原则。

1. 公平性

生态城市作为当代人提出的新型概念，其服务对象不能局限于当代人，而是要拓宽视野站在更广时空界面进行考量，如对有限的自然资源合理规划，延长其使用时限。

2. 持续性

人类文明发展需要资源环境作为重要依托，如果资源耗尽、环境严重破坏，人类文明也会随之毁灭，只有找到资源环境持续发展道路，人类文明才会持续向前推进。这要求生态城市规划设计中明确能耗标准，而后以相关措施确保该标准贯彻实行。

3. 共同性

可持续发展目标需要全人类共同努力才能达到，不同国家各负其责、通力合作，不断提高生态保护水平。生态城市规划设计不能闭门造车，只有与周边地区形成联动、积极吸纳外部设计经验等，才能为获得更加理想且长远的规划设计效果打下基础。

（二）地域性

地域性理念要求生态城市规划设计立足实际制定对策，以确保设计结果科学合理，实现价值最大化。生态城市是一个范畴性概念，设计者需要从中领悟真谛，并基于实际情况具体考量与分析。不同地域之间的人文景观、地形地貌、水文气候等均存在差异，而这些因素又会作用于生活在其中的人，使他们形成不同的生活习惯、价值观、审美观、文化观等。生态城市规划设计中"人"是设计者也是服务对象，脱离"人"的诉求与需求的设计会失去生机与活力。地域性理念通过诸多地域元素考量规划，最终落实到"人"的层面，这一过程也能拉近地域元素与"人"的距离，为生态城市规划设计寻找更多入手点提供支撑。突出地域性能够丰富生态城市规划设计效果，避免千篇一律，使得生态文化五彩斑斓，进一步贴合生态学内涵。

（三）多样性

世间万物各具形貌，世间之人各具喜好，双向互动既为万物发展利用创造契机，又为满足不同人的喜好打下基础，如此才有了丰富多样的世界。多样性理念强调以开放视角吸纳多种精彩事物，无论是传统、现代、本土还是外来，只要符合生态城市规划设计要求便可以运用，如此，生态城市便成为不同类型文化集结交融之处，从而在满足更多需求的同时拉近距离，为相互借鉴提供平台。多样性理念还是个性化需求得到重视的保障。当今社会呈现出显著个性化趋向，生态城市规划设计要避免陷入陈旧单调、层次单一的误区，而个性化需求繁杂多样、不计其数，秉持多样性理念、尽可能丰富设计方式以及引入多样化设计素材，是更好地满足个性化需求的重要策略。科学技术蓬勃发展是多样性理念得到落实的重要支撑，因此，生态城市规划设计中要积极引入科学技术，一方面增强技术实力，另一方面为呈现生态城市"技术之美"提供助力。

（四）经济性

生态城市优点极多，符合现代人对生存环境与生活方式的追求，但是从目前情况看，生态城市由于受到多种因素影响而难以达到理想水平，如技术因素、人口素质等。经济性理念可以为走出当前困局提供指导。该理念强调经济合理，从整体视角考量规划设计，生态环境保护与经济发展存在矛盾，一味强调生态环境保护而忽视经济发展是短视之策，因为经济发展停步不前，人们的物质需求便得不到满足，使人的发展动力受到限制，生态环境保护成为空谈。只有在促进经济发展的同时采取行之有效的生态保护之策，才有利于构建良性循环的生态化建设体系，为生态城市规划设计提供有力保障。

三、生态城市规划设计路径研究

（一）规划设计

生态城市是我国城镇化的主导方向，而规划设计是生态城市建设的核心。生态城市强调以人为本、绿色、生态、环保等理念，规划设计时应注意以下两方面。

1.控制城市人口和规模，防止城市盲目无序扩张导致大量的城市病，造成城市超负荷运行。生态城市规划发展要集约节约用地，既要考虑城市人口规模的合理性，又要满足未来人口合理增长，科学制定城市土地利用发展战略，并将自然山水融入城市，让城市人民"看得见山、望得见水"，合理规划用地布局。

2.优化规划产业结构，减少高污染、高耗能产业比例，增加更多绿色产业，为生态环境保护提供更大助力。大力发展生态产业，利用生态循环经济，加大技术研发支持力度，激发产业技术革新活力，积极以降能增效为目标规划发展之路。打造智能化城市运转体系及服务，精准控制能源消耗，让人们享受智能化带来的生活便利；文创产业既能为城市文化建设推陈出新与营造浓厚文化氛围做出贡献，也能以生态健康途径为城市创造经济收益，使生态城市规划设计获得有力支撑。

（二）景观设计

城市景观设计要从以下三方面入手。

1.视觉形象

良好的视觉形象能够带给人良好的视觉体验，从生态视角考量，城市景观要想在展现"绿色"风格的同时吸人眼球，需要做到"绿色"与周围事物相融合，打造道路景观、绿色树木、草坪等，使道路景观层次多样、动感十足，给人以灵动活跃之感，漫步其中不仅能呼吸新鲜空气，还能收获满满的趣味。

2. 环境效应

城市景观要为营造舒适健康环境做出贡献，比如植物景观设计要基于城市空气情况进行针对性选择，二氧化硫与烟尘较多时选择银杏、国槐等植物，氯气含量超标时选择大叶女贞、合欢等植物，可起到环境保护和净化作用。

3. 文化特征

城市景观要能体现地域文化特征，这样更能得到人们的认可，同时也能为文化传承与进一步扩大影响提供支撑，比如重点应用乡土植物，同时用外来植物进行搭配。

（三）人居环境设计

人居环境设计要遵循"以人为本"的原则，充分考虑人的发展需求，比如住宅区域要做好绿化，保证空气质量达标，让住户呼吸新鲜空气，同时住宅区域也要拓展服务功能，如设置锻炼健身场所、娱乐场所等，以丰富住户的精神生活，提高生活品质。人们吃穿住行的同时会不断产生废物和垃圾，对其进行良好处理是人居环境设计的重点。从整体视角审视，简单地收集并集中转运使废物和垃圾远离住宅区域只是第一步，使它们转化为新事物发挥新功能更为关键。想要确保处理结果符合预期，可以借助信息技术构建跟踪体系，通过实时监控使相关信息公开透明化，不仅能为人居环境设计助力，而且能让人们在心理层面获得解放，以便更合理地安排生活。

（四）能源供应设计

降低能源消耗是生态城市规划设计的重要目标，做好能源供应设计正是实现这一目标的重要策略。

1. 对人均能源消耗量做出评估，并以此为依据结合住户具体情况限定供应量，督促住户做好能源使用规划，减少能源浪费。

2. 逐步使用低碳能源代替高碳能源，如基于城市实际情况安设风能、潮汐能、太阳能等发电设施，缩减火力发电规模。

3. 加大宣传力度，让人们深刻意识到降低能源消耗的重要意义，进而以实际行动给予支持。

4. 搭配相应法律政策使能源供应设计发挥更好的作用，比如在新能源开发方面，政府出台相关政策，鼓励个人、企业等积极参与其中，群策群力，推动新能源开发获得更好的发展效果。

（五）交通设计

交通是为"行"服务，而"行"充斥于人们的生活与工作，因此交通是生态城市规划设计重点之一。在当代社会，随着人们物质生活水平的不断提升，家用小汽车得到普及，城市交通开始变得拥挤不堪，加重了环境污染程度。交通设计要以强化公共交通功能为核心，如优化公共交通路线、提升公共交通效率等，让人们在出行时能够优先选择公共交通，从而减少私家汽车污染物排放总量，为提升城市空气质量做出贡献。另外，优化道路布局，减少交通拥堵，也能起到降低污染的作用，比如环形路、立交桥等均可以在交通设计中应用。绿色环保汽车也要纳入生态城市规划设计范畴，如电力汽车、太阳能汽车等，而这一领域的推进关键在于技术革新，由此看出生态城市规划设计离不开技术支撑。

生态城市规划设计是一项长期事业，需要得到持续不断的研究探讨，无论是设计理念还是设计路径，均要基于时代发展情况与要求做出调整革新，获得更好的生态城市规划设计效果，让人们充分享受生态城市带来的益处。

第二节　生态城市规划内容体系

一、生态城市规划目标体系

城市规划目标是城市规划建设的方向，是对城市建设未来的一种指引，生态城市作为一种新的城市发展模式，其规划目标需要符合城市可持续发展需求，为城市发展指明方向。

（一）总体目标

生态城市规划建设总体目标是在一定时期内城市建设的具有战略性意义的目标，将对生态城市的规划建设活动产生指引作用。通过借鉴城市可持续发展与生态城市相关研究的目标要求，本书提出生态城市规划建设的总体目标：低冲击、低碳化、可持续发展韧性城市，节约、混合利用城市土地，加强对于城市生态环境系统的保护与优化人居环境；减少城市初级能源与资源消费，优化城市与区域之间的物质循环与能量流动；优化城市交通模式，发展绿色交通系统，合理布局城市基础设施，倡导用地职住平衡，减少城市居民出行；满足城市居民宜居的基本需求，关注城市居民的身心健康；营造良好的城市和谐社区环境；全面发展绿色循环创新经济。

（二）具体目标

生态城市具体目标既是对城市规划总体目标的横向剖析比较，也是对生态城市规划目标的进一步深化与细化。通过参考欧盟生态城计划的分类，依据生态城市规划建设的基本内涵，对生态城市的总体目标进行分解，形成具体目标，包括生态环境目标、社会发展目标、经济发展目标、空间结构目标、绿色交通目标、能源利用目标、资源利用目标七方面的内容。

1. 生态环境目标

生态城市规划应充分考虑所在区域及邻近区域的生态环境条件，合适的区位选择、满足自然与人工环境要求是生态城市高质量发展的必要条件。生态城市中应强化对于自然与人工环境的尊重，提高城市居民的舒适感与社区感受。

自然环境是人类生存、生活、生产的背景条件，对城市及所在区域内的自然要素进行保护是生态城市规划的重要目标之一。不同区域的自然环境拥有相异的生态系统与生物群落关系，生态城市规划中应充分考虑其各自特征，加以保护与优化。

规划中应充分考虑本地气候条件，对城市内部空气流动、日照利用等进行合理组织，充分利用良好的生物气候条件。城市内部道路布设时应结合城市地貌条件，为步行及自行车出行提供良好的道路条件。城市中建筑物的布局除考虑景观设计外，还要有利于对太阳能的合理利用，并避免夕照等不利条件影响。

城市园林绿地系统包括游憩系统的高品质发展是生态城市的关键，应系统化、开放式、多样化规划设计与建设。

生态城市规划应充分尊重与保护现存的历史文化遗产。在规划设计建筑形式、建筑布局、公共空间的比例、街道设计时应考虑当地的历史文化的保护与景观品质的营造。

2. 社会发展目标

推动城市经济的健康绿色发展是生态城市规划建设的重要目标，若经济不发展，生态城市建设也就无从谈起，经济的健康不仅会改善居民的生活质量，也将影响城市的创新与竞争力。

生态城市中的经济发展应满足城市居民的绿色就业基本需求，有助于城市居民生活幸福保障，形成适宜、绿色、创新的本地经济，加强绿色供给，减少生活成本，减少对于环境与人类健康的损害。

3. 经济发展目标

生态城市规划中应该注重社会多样性整合，应方便快捷地提供包括学校、健康设施、敬老院、商店及运动休闲场所在内的社会基础设施，满足城市居民宜居、幸福、高质量发展的基本需求。

4. 空间结构目标

目前，城市结构多受单一功能结构影响，会受到较高交通需求制约，依赖小汽车等机动车出行，这将导致高的能源消费与污染物排放。生态城市规划中鼓励土地混合利用、营造宜人公共空间，构建符合城市居民需求的城市结构。

注重土地混合利用。生态城市规划要求对于适当位置的城市用地及现存建筑应尽可能再利用，倡导合适的高建筑密度，减少城市土地需求，规划中应采用紧凑的建筑结构，如多层居住、商业混合利用建筑。

生态城市各层面均倡导功能均衡混合的用地布局。满足居民日常需求的商店、学校及娱乐设施应尽量布局在居民的步行距离之内。街区层级的土地混合利用可以通过居住建筑、商业建筑近邻布局实现；在单体建筑内部，可采用面向街道或公共空间的一层布局零售商店，中间层布局办公室，而高层布局公寓。

宜人舒适的公共空间。生态城市规划中应为城市居民提供宜人舒适的公共空间，在注重空间可达性的同时，避免受到机动交通所产生的废气及噪声的影响。生态城市内的公共空间应该是多功能的，可以用作娱乐、社会集会及商业活动，同时公共空间还应易识别，通过建设空间入口标志、城市居民的参与式设计提高城市的识别性。

绿色空间营造。生态城市规划中应充分保护林地、树木、草场、树篱等生物元素与大面积绿地，以及河流、湖泊、湿地等水体元素。通过城市水体景观设计提高城市居民的生活舒适度。应注重城市绿地与水系统建设，户外植被、屋顶绿化、立面绿化与蓝绿水系统对微气候有良好的调节作用，在高密度建筑区域应尽量增大户外绿地面积，避免热岛效应。

5. 绿色交通目标

生态城市应构建绿色交通系统，推行慢行系统与公交系统，减少个人机动车交通需求。在城市区域，步行、自行车或公共交通等交通模式在中短距离内更加便捷。最大限度地减少机动车的使用，保证生态城市降低交通能源消耗与产生环境污染气体排放及噪声的产生。

生态城市规划中的一个重要观点是鼓励步行与自行车交通，最大化步行与自行车出行的吸引力与使用度，为步行及自行车提供密集、高质量的慢行道路网络，高比例慢行的交通模式可以满足步行者与骑车者在出行时方便地进行社会交往。

公共交通是生态城市环境友好交通模式的重要组成部分，在城市规划与建设阶段均应考虑公共交通系统的控制与管理，可达性是公共交通竞争力的前提，公共交通在时间与空间上比私家车交通更为便捷。

6. 能源利用目标

生态城市规划应考虑优化城市能源利用效率，并加强对于新能源的利用。城市建筑布局中应通过紧凑的建筑结构、建筑朝向与排列形式充分利用太阳能，屋顶应便于安放主动式或被动式太阳能设备，建筑间的距离应减少建筑立面阴影对于太阳能利用的影响。利用热电联产或者电热联产电厂为城市提供热能，提高太阳能、风能、地热能等新能源及可更新能源的利用。

7. 资源利用目标

节约用水与循环利用水资源。通过雨水资源化利用、中水回用（回用灰水与黑水）、节水设备利用等减少对生态城市中水资源（自来水）的利用与浪费。

回收与物品循环利用改变城市居民的购物习惯，有效减少家庭废弃物产生，推行垃圾分类收集，保证废弃物有效回用。

建筑材料循环利用。生态城市中应尽量减少对于初级建材的利用。在城市建设层面的有效节约措施是利用现有建筑物、推广紧凑建筑类型与减少机动交通基础设施建设。在居住建筑层面，积极利用可回收建筑材料，鼓励使用可更新材料、本地建材等环境友好材料。在新建设中全面推行绿色建筑。

二、生态城市规划编制体系

《中华人民共和国城乡规划法》将城市规划编制体系划分为总体规划和详细规划两个部分，其中详细规划包括控制性详细规划与修建性详细规划两方面。作为全新的城市规划形式，生态城市规划的复杂程度仅仅依靠现有法定规划体系难以实现，需要有非法定规划的协调。本章在结合传统规划体系的基础上，将生态城市规划编制体系分为生态城市战略规划、生态城市总体规划、生态城市支撑系统规划、生态城市详细规划四方面的内容。

（一）生态城市战略规划

生态城市战略规划主要是对城市发展目标、建设原则、重大战略部署等内容进行研究，确定生态城市未来发展战略方向。其规划内容相较于法定规划更具有研究性质，是从战略性高度对城市目前发展问题的深入分析，对生态城市未来发展目标及策略的细致探讨，对生态城市建设步骤进行规划，确定生态城市建设的基本框架。

（二）生态城市总体规划

城市总体规划是纳入城市规划体系的法定规划，是对城市性质、规模与空间结构的综合性规划，对城市各类用地进行合理布局，正确处理城市建设的近远期关系，引导城市发展。

生态城市总体规划要对城市的发展性质、定位进行合理确定，预测城市发展的合理规模，协调组织城市各类用地布局，统筹城市对外交通与内部交通组织，对城市给排水、供电、通信、供热、供气等设施进行协调布局，确定城市规划的实施步骤，有序指导生态城市建设活动。

（三）生态城市支撑系统规划

生态城市规划中应注重对于城市支撑系统的研究。城市支撑系统为城市发展提供基础性物质资源条件，包括了城市生态环境、基础设施及城市安全三方面的内容。在生态城市支撑系统规划中，包括了城市生态环境保护规划、城市基础设施生态化规划、城市安全规划等内容。

1. 城市生态环境保护规划

城市生态环境保护规划主要是对城市及所处区域的生态环境进行评价，制定城市生态环境保护性利用措施，为生态城市发展提供生态环境基础支撑。城市生态环境保护规划综合考虑城市地理环境、资源条件等因素，对城市区域内的各类聚落生态环境及矿产、旅游、森林等生态环境进行现状分析，针对其存在的生态环境问题制定生态规划目标及规划措施。对城市绿地系统布局、水系保护性利用、声环境区域划分、城市环境卫生设施及处理工艺等提出规划建议。

2. 城市基础设施生态化规划

城市基础设施维持城市社会功能运转，城市基础设施生态化规划是生态城市规划建设的关键部分。其主要任务是围绕交通、废弃物处理、水资源系统、能源利用等基础设施专项开展系统研究，提出生态高效 - 可持续的城市基础设施建设发展原则、要点及措施，减少资源与能源浪费，减轻建设对城市生态环境的冲击，建设舒适、宜人的城市基础设施。

3. 城市安全规划

城市安全性是生态城市中重点强调的内容，应作为城市支撑系统规划的重要部分开展研究。城市安全规划应通过梳理生态城市发展过程中可能出现的各类安全问题，做好城市安全规划设计，重点设计消防、防震、防洪等方面的各项安全工作，加强城市安全基础设施建设，提高城市公共安全水平。

（四）生态城市详细规划

详细规划是以城市总体规划为依据，对城市土地性质、使用强度等进行详细规定，或者针对某一地块对其建设进行具体安排设计，可划分为控制性详细规划与修建性详细规划。

生态城市控制性详细规划对规划区内的各类地块用地进行控制，纳入生态低碳型指标，将城市控规由"空间控制引导"向"高质量、多手段"控制转变，如表 7-1 所示。

表 7-1　生态城市控制性详细规划指标

指标分类	内容
控制性指标	用地面积、边界、性质、容积率；建筑密度、限高、后退红线、间距；绿地率；绿色出行比例；新建居住和公共建筑节能率；绿色建筑比例；透水铺装率；再生水利用率；雨水回用率；清洁能源利用率；全年太阳能热水供热量占生活热水总供热量的比例；生活垃圾回收利用率
引导性指标	建筑形体、色彩、风格；节水灌溉技术选择；雨水资源化利用；建筑节能设计

生态城市修建性详细规划主要是针对某一地块进行具体的规划设计活动，包括建筑、道路、绿地等内容。

三、生态城市规划研究主要内容体系

生态城市规划与传统城市规划不同，更加注重城市发展生态性、可持续性、社会性，其规划内容应能够体现出生态城市的特色与内涵。以生态城市总体规划为例，本章构建了生态城市规划的内容体系，包含生态容量与城市规模预测、生态城镇乡村体系规划、生态功能区划与城市空间结构分析、基础建设专项规划等方面的内容。

（一）生态容量与城市规模预测

生态容量是指在生态城市范围内，在满足城市经济、社会发展、环境保护、居民生活舒适等条件下，城市自然环境、资源禀赋、社会文化等所能承受的最大城市规模。生态城市的生态容量研究包括人口容量、用地容量、水环境容量、交通容量等内容，如表7-2所示。

表7-2　生态容量研究内容

类别	主要内容
人口容量	在现有城市自然、资源条件下，维持相当水平社会发展强度限制下所能容纳的最大城市人口数量。人口容量会随着城市生产发展与科技水平提高而有所增长
用地容量	在满足城市发展需求的同时，对城市生态环境影响最小的城市土地利用面积，应考虑城市发展与周边环境保护之间的平衡
水环境容量	在满足城市用水安全情况下，城市区域水资源所能容纳最多的污染物负荷
交通容量	在满足城市日常对内对外交通需求的条件下，城市区域土地、大气环境等所能容纳的最大交通量

城市规模影响城市用地布局、基础设施建设及未来发展前景，规划中合理确定城市规模是确保生态城市建设科学的前提与基础，是合理配置交通、供水、排水等基础设施的重要依据。生态城市的规模预测要受到城市生态环境容量的影响，应以最大生态容量作为城市发展与人口规模的上限，以确保城市发展与生态环境之间的协调。

（二）生态城镇乡村体系规划

生态城市的发展离不开周边城镇的支撑，也必然会对周边区域城镇发展产生带动作用。生态城镇乡村体系是生态城市规划的重要内容，其合理与否关系到城市能否健康与可持续发展。

城镇体系规划是传统城市规划的重要内容，为提高生态城市的区域影响力，引进生态城镇乡村体系的概念——城市区域内的聚落等级类型应包括城市到村落所有的聚落形式，具体到城市、城镇、集镇、中心村、一般村五个等级，将城镇体系规划中的职能、等级、空间三结构扩展到城镇乡村体系三结构。

生态城镇乡村规划应包括以下内容：提出区域内城镇乡村统筹发展战略，包括城乡空间发展布局、重大基础设施建设、生态环境保护等方面的协调建设；确定区域生态环境、土地利用、交通组织、水资源利用、能源保护等方面的综合要求；对重点镇村的发展提出规划引导意见。

（三）生态功能区划与城市空间结构分析

生态功能区划对于维护城市生态安全、合理布局城市各项建设用地有着重要的引导意义，是生态城市规划的重要参照。生态功能区划是运用现代生态学理论，在分析城市生态环境特征、生态敏感性及未来区域开发态势的基础上，将城市区域划分为不同的生态功能区，指导不同区域的城市建设活动。城市的开发建设活动应尽量选择在生态敏感性较小的地区，避开生态保育作用强的区域，尽量减少对生态环境的影响。

空间结构规划是生态城市规划中的重要内容。城市空间结构与城市性质、发展目标、各项建设用地布局以及基础设施配置有直接的联系。生态城市空间结构应充分研究区域内城市空间形态的历史发展过程及基本影响要素，结合城市所处的地理区位、地形条件等天然特性因素，对城市发展未来形态趋势进行研究，确定城市发展的合理空间结构，既要符合城市发展的客观规律，又要发挥规划师的主观能动性，促进城市向理想方向发展。

（四）基础建设专项规划

基础建设专项规划一般包括以下内容。

1. 绿色交通系统规划

生态城市交通系统应在满足居民高品质出行需求的前提下，促进公共交通、自行车和步行等交通方式出行，减少城市居民对于小汽车出行的依赖，形成兼顾能源消耗、环境污染及安全性的城市绿色交通环境。

生态城市作为区域性城市，对外交通的组织将影响到城市能否可持续健康发展。生态城市对外交通系统的规划应充分考虑与城市内部交通之间的衔接，合理确定对外交通场站设施在城市中的布局。

生态城市内部交通组织应推行公交优先与慢性系统，引导小汽车的合理利用；合理的城市用地类型混合，将会有效地减少城市交通出行距离；强化机动与非机动交通有序分离，构建网络化、多样性的交通系统。

2. 生态水系统规划

生态城市中的水资源利用应通过对城市水资源开发利用现状的分析评价，进行供需水量、排水量、中水回用量、生态需水量预测，充分利用再生水、雨洪水等非常规水源，进行水资源平衡分析，制定生态城市内水资源利用与保护战略。

生态城市规划中应根据城市区域水资源状况，合理选择城市的水源，划定水源地保护区；对城市用水量进行预测，确定城市各地块用水指标；合理布置城市自来水厂、加压泵站等的位置与各自规模；综合考虑城市雨水资源化与再生水资源利用；预测城市污水产生量与处理量；规划城市供水、排水、雨水等管网布局。

3. 生态能源系统规划

生态城市能源系统建设应减少对常规能源的利用，提高城市能源利用效率，推动新能源与可再生能源利用，合理优化城市能源消费结构。主要内容是确定生态能源规划的基本原则，预测能源需求，平衡能源供需结构，制定可再生能源开发措施，落实能源保障与空间布局规划。

生态城市的能源系统规划应对城市的电力、燃气、热力等能源需求量进行合理预测，大力推广余热、太阳能、地热利用等新型能源利用技术，充分考虑各种城市节能措施，编制建筑节能、交通节能、市政设施节能、居民生活节能等方面的规划内容。

4. 绿色建筑发展规划

在可持续发展理念的引导下，绿色建筑发展成为综合自然、文化、经济等多方面内涵的概念，绿色建筑建设将有助于实现生态城市理念。绿色建筑发展规划应包括确定城市绿色建筑节能、节水、能源利用等多项目标，确定绿色建筑评级标准。规划中应注重建筑被动式与主动式节能设计，提高可再生能源在城市建筑中的应用。

5. 生态绿地规划

城市绿地系统是生态城市规划的重要内容，能够改善城市微气候环境，美化城市自然及人工环境。生态城市规划中应充分考虑当地景观与历史环境的影响，合理确定城市绿地系统的结构，统筹安排各类绿地用地，对城市古树名木进行统筹保护，提出生物多样性保护措施；制定绿地建设步骤，提出实施措施。

6. 城市环境卫生系统规划

城市环卫系统是维护城市清洁，为城市居民提供干净舒适的工作生活环境所必需的。生态城市中的城市环境卫生系统应根据城市发展目标与布局，确定城市环卫设施配置标准与垃圾输送、处理方式；确定城市中主要环卫设施的规模与位置；制定垃圾分类回收策略；提出废弃物回用对策，减少垃圾处理量。

7. 城市防灾减灾规划

城市安全是生态城市规划中应重点关注的内容，城市安全了才能为城市居民提供庇护。生态城市规划中应注重城市的防灾系统建设，确定城市消防、抗震、人防等各项重点防灾内容与标准，合理确定城市各项防灾设施布局，规划各级防灾通道与疏散场所，对城市总体规模、布局、道路等提出防护与控制要求，对城市供水、供电、供热等基础设施提出防护要求，对城市市域、市级道路交通运输线路合理布局，确定防灾救灾指挥部、通信、医疗救护、物质储备等配套设施规模、布局。积极推广韧性规划建设，探索海绵城市，从城市生态系统良性循环入手解决和保障城市安全与可持续发展。

第三节　生态城市规划建设技术体系

生态城市的建设需要多种生态型技术相结合方能有序进行，技术应用途径的缺失是当前生态城市建设需要解决的关键问题。本节主要从生态交通系统、生态能源系统、水资源利用、绿色建筑四方面梳理生态城市建设中的适用技术，构建生态城市建设技术体系，期望对生态城市规划落实起到支撑作用。

一、生态交通系统

生态城市的交通出行是低碳、环保、宜人的出行，规划建设应构建包括自行车系统、城市步行系统、快速公交系统在内的绿色交通系统，同时应注重城市车速控制。

（一）自行车系统

自行车交通拥有机动车所无法比拟的灵活性，可以作为公共交通的末端交通补充，改善公共交通"最后一公里"[①]难题，受道路拥堵影响小，准时性好，同时对城市环境污染少，对人体可以起到锻炼作用。

1. 自行车道建设

在生态城市规划中，应根据各道路红线宽度规划独立自行车道，提高自行车出行的交通效率与安全性。生态城市中的部分次要街道、公园内部道路等作为自行车专用道，并在适当位置设置自行车路标与停车设施，对自行车道进行彩色铺装，与机动车道之间通过物理隔断进行隔离。

自行车道可分为三种类型：①自行车专用道，主要满足于城市居民通勤出行需要，并接驳城市公共交通系统，主要结合商业金融区、住宅区等周边道路布设；②城市社区、公园、商业金融用地等连通性自行车道，主要满足居民休闲、娱乐及购物的需求；③自行车与行人混行道路，主要满足街区内的短途骑行，是保障慢性网络联通性的基础。

2. 自行车停车场建设

自行车停车场应根据停车需求分为三个等级：①位于公共交通枢纽附近的大型停车场，方便居民骑车出行与公共交通换乘，容纳 100～150 辆自行车；②在居民住宅区、办公区及部分人流量较大的枢纽型道路路口，建设中等规模的停车场，容纳 50～70 辆自行车；

---

① "最后一公里"：又称 Last Mile，是指居民住房与公共交通站点之间的距离，这段距离说长不长说短不短，但没有补充工具，是城市交通学者一直关注的问题。

③在一般地段设置小型停车场，容纳 20 ～ 40 辆自行车。

3.公共自行车租赁系统

公共自行车是在城市区域内，通过在城市中建设租赁站点，免费或者有偿为城市居民提供自行车服务，在政府、营利或非营利组织倡导下，采用短期出租的形式，推广自行车的利用，从而减少交通拥挤、降低污染。

我国部分城市如杭州、武汉在公共自行车方面有着成功的经验。武汉是全国范围内第一个布设公共自行车系统的城市，其站点主要布局在主要的商业中心和核心社区地区；杭州市的自行车站点布设主要考虑与公共交通的衔接，结合公交枢纽进行站点布设。

公共自行车租赁一般包括控制器、自助终端、租赁站点及信息中心等部分。控制器收集各自行车信息并通过安放在租赁站点的集中控制器向信息中心反馈自行车使用情况；自助终端能为使用者提供存取、充值等服务。

（二）城市步行系统

构建一个安全、便捷、宜人的城市步行交通系统是生态城市交通规划的重要内容，通过多种规划措施为城市居民提供良好的步行环境，鼓励城市居民步行出行。

1.步行道建设

城市步行道包括步行街、步行道、人行过街道等。机动车交通量、道路连续性、绿化率及步行道铺装率等多种因素对于步行道的安全性有重要的影响。

城市中的步行道路类型包括：①完全步行街：完全禁止车辆进入的步行道路。②"限时式"步行街：在一定的时间段内对车辆进行限行，形成完全性的步行街。③公交步行街：与城市公共交通线路相结合设置的步行街。④半步行街：交通方式以步行为主，但允许少量车辆通过，对行车速度限制在维护步行安全的范围内。

2.步行政策改善工具箱

城市中存在人行道空间不足、残疾人通行设施缺乏、行人过街不方便等问题。美国圣迭戈市总体规划中制定了步行政策工具箱，来提高城市步行系统的安全性，见表 7-3。

表 7-3 步行政策改善工具箱

步行改善工具	具体描述
步行交通信号系统	设置无障碍步行交通信号系统，如触摸式、语音式、振动式等
	设置人行横道交通信号系统，如自主式过街系统
	设置步行信号灯倒计时系统，减少行人违章马路行为
人行道设计	开辟街道间步行通道
	人行道照明系统
	在人流量密集处设置立体步行交通设施
	增设沿街座椅等街道家具

续表

步行改善工具	具体描述
路面设计	设置道路隔离带，避免行人直接穿行
	减少道路交叉路口转弯半径，减少行人过街距离，并限制车辆过弯速度
	增设缓坡设计，方便老年人及残疾人使用
人行横道	提高人行横道可识别性与醒目性
	设置抬升型人行横道，降低机动车通过路口速度
	人行道两侧地灯设计，保证晚间行人安全
绿化系统	沿街停车区域人行道间设置绿化缓冲区
	增加街道与人行道间绿化面积
	种植大树冠行道树，增加树荫覆盖率
交通识别	增加交通管制标志，如停车标志与机动车避让标志
	增加机动车转弯限制标志
其他	加强学校交通安全教育
	增加警力监督交通违章

（三）城市车速控制

城市中车辆行驶速度，对于城市的交通安全有重要的影响。生态城市规划中应对城市车速控制进行细致的设计，对机动车的速度及车流量进行控制。

1. 车速调查

车速是城市道路车辆运行效率的有效评价指标，同时也是对城市道路进行合理正确规划、设计的基础。在某一特定时刻，一定长度城市道路内通过的全部车辆的平均速度计算公式为：

$$\overline{V_s} = \frac{1}{\frac{1}{n}\sum_{i=1}^{n}\frac{1}{V_i}}$$

其中：s ——道路长度；

n ——行驶车辆数；

V_i ——第 i 辆车的行驶速度；

$\overline{V_s}$ ——道路平均车速。

2. 车速控制

生态城市中车速控制技术如表 7-4 所示。

表 7-4 城市道路车速控制技术一览表

技术	具体描述
道路宽度限制	双向道路两侧设置路牙线拓宽区，使得道路宽度局部变窄，降低车速

续表

技术	具体描述
斜角沿街停车位	设置斜角沿街停车位，增加停车位的同时降低车速
三角形/半圆形降速点	设置三角形/半圆形的路牙线拓宽区，迫使机动车"S"形前进
道路入口标志	在道路交叉路口特别是主干道与辅路交叉口设置醒目标志，提醒司机控制车速
道路交叉口抬升路面	抬升道路交叉口路面至与人行道高度相平，方便轮椅使用者过马路
道路行车道分离带	将城市道路划分为机动车道、非机动车道与沿街停车区，交叉路口设置道路分隔带
交通环岛	交叉路口设置交通环岛，简化交叉口交通

（四）快速公交系统

快速公交系统（Bus Rapid Transit，BRT）是目前世界城市中发展较好的城市公共交通运行系统，以巴西库里蒂巴市的经验最为优秀。BRT利用现代技术，通过开辟公交专用道路，对公交车实行智能化管理，提高公交系统的准确性与安全性。

BRT公交系统的组成：①BRT专用道路：建设公交专用道路，与一般车行道相分割或者从色彩上加以区分。②公交车辆：BRT系统所选择的公交车辆应具有较大的容量，便于一次性实现大运量交通，同时应尽量采用新能源或者可再生能源。③车站：BRT系统应配置设备齐全的车站，提供高水平、信息监控系统的候车车站，为乘客提供方便的乘车服务。

二、生态能源系统

生态城市是低能耗的，对于一次能源的利用效率高，同时能够减少能源浪费。生态城市中的能源利用技术主要包括常规能源利用技术、新能源利用技术。

（一）常规能源利用

常规能源包括煤炭、石油、天然气等一次性非再生能源及水电等再生能源。对于生态城市来说，常规能源是目前技术条件下能够普遍使用的能源，不应放弃常规能源的使用，而应将常规能源的生态化、清洁化利用作为向新能源利用的过渡阶段，但其使用技术应区别于非生态城市的常规能源利用。生态城市中的常规能源利用应能够满足节能减排的基本要求，适用的常规能源利用技术有煤炭利用、天然气利用。

1.煤炭清洁化利用技术

生态城市中煤炭清洁化利用技术是通过多种方式综合利用煤炭资源，主要技术包括煤气化技术、煤气化联合循环发电技术、热电联产（CHP）或热电冷联产技术（CCHP）等内容。

煤气化技术是指利用特定设备，在一定的转化条件下，将固态的煤转化为含有可燃性气体及非可燃气体的过程，是目前煤炭清洁化利用的重要手段，在生态城市建设中对于煤炭的气化利用应作为城市能源过渡阶段的重要内容。

煤气化联合循环发电技术（IGCC）将燃气 - 蒸汽联合循环发电与煤气化技术相结合，是一种先进的清洁煤联产发电技术，通过工艺处理能够同时产生电能与煤气。IGCC 的发电效率较高，一般可达到 43% ~ 45%，同时所产生的污染物仅为火力发电的 1/10。

热电联产（CHP）能够同时产生电能与热能，主要是通过对城市生产中所产生的余热进行回收利用，高品热能用于为城市提供电力资源，低品用于为城市居民集中供热。CHP 技术包括了区域热电联供（DCHP）及楼宇热电联供（BCHP）两种形式。DCHP 通过较大规模能源中心，向周边区域供暖及供热水；BCHP 由多个楼宇热电冷系统连接，向本楼宇供暖的同时补充邻近楼宇。

热电冷联产技术（CCHP）是在 CHP 的基础上加上吸收式制冷机发展起来的，对热能的利用不仅用于城市供热，还用于为夏季城市提供冷源。

2. 天然气利用技术

天然气汽车是生态城市中对汽车进行改造的方向，也是城市天然气利用的新途径，包括了压缩天然气汽车（CNG）与液化天然气汽车（LNG）。与普通汽车相比，天然气汽车尾气中碳氧化物与碳氢化合物的分量较少，具有较强推广价值，特别适合城市公共交通系统及城市出租系统。生态城市规划中制定政策推广天然气汽车的同时，应综合考虑天然气加气站的布局与规模，应形成便捷的汽车加气站布局格局，方便城市居民使用。

天然气联合循环发电（NGCC）与热电联产（CHP）的运行模式类似，只是将所利用的能源由煤炭资源变为天然气资源。

（二）新能源利用

新能源是指太阳能、风能、生物质能、地热能等在目前条件下并未大规模利用的能源，拥有良好的利用潜力，同时对于环境影响极小甚至没有。目前，新能源利用的开发与研究技术未能推动新能源的大规模利用，但是在城市的局部地区进行小规模开发利用的条件已经具备，特别是在生态城市中，新能源在城市建设初期就应考虑在城市能源系统之中。

1. 太阳能利用

近年来，太阳能利用技术受到广泛关注，欧洲国家开始在城市尺度研究太阳能利用，将太阳能与城市空间结构、建筑形式、公共空间利用等紧密结合。太阳能热利用与光伏发电是目前对于太阳能利用最为普遍的两种形式。

（1）太阳能热利用

太阳能热利用是通过太阳能集热器将辐射能转化为热能，运用于加热（> 800℃）、制冷（200～800℃）、保温（＜200℃）等方面。在城市中利用价值较高的主要是太阳能的高温利用与中温利用。太阳能热水器、空调技术及热发电技术等是生态城市中小规模利用太阳能的主要技术。

太阳能热水器通过利用集热器，将热能传递给水体促进水体的升温，供城市居民利用热水的要求，主要形式有平板式热水器、透明蜂窝热水器、太阳能热水全息集热系统等。

太阳能空调是利用太阳能对室内温度进行调节的技术，主要有两种形式：一种为将太阳能转化为电能，带动空调运行；另一种是直接利用太阳能光热转换，对室温进行调节。

太阳能热发电是将太阳辐射能转化为热能，再将热能转化为蒸汽能，带动蒸汽轮机做功发电。

（2）太阳能光伏发电

太阳能光伏发电指不通过热转换过程，借助太阳能半导体电子器件将太阳辐射能直接转换成电能的发电方式，是太阳能发电的主流。光伏发电可以作为独立的系统运行，但是运行成本较高，且供电较不稳定。对于太阳能光伏发电目前最有效率的是太阳能光伏并网发电系统，这样可以保证供电的稳定性与高效性。

2.风能发电技术

风能是一种洁净的可再生资源，是目前最廉价、技术最成熟的可再生资源。风能利用主要是直接以风能为动力或间接转化为电能。生态城市可以利用的风力发电方式有风机建筑一体化、空旷场所的风机发电、风光电互补路灯等。

建筑占据了城市的大部分场所，对于城市风的利用，可通过在建筑屋顶、建筑之间、建筑空洞等场所安装风机实现建筑与风机结合。风光互补路灯综合利用太阳能与风能转变为电能，为路灯提供电力，拥有比单一的风电路灯或光伏路灯更好的稳定性。

做好风力发电的入网与输送是当前减少风电设施浪费的重要保障。

3.生物质能利用技术

生物质能利用是目前城市能源利用的一种新的需求趋向，通过热化学、生物化学等方法将储存在生物质内的能量转化为热能、燃料（主要是乙醇）等二次能源。生物质能在城市中可用于城市电力供应、车辆动力供应等方面，具有清洁、安全等特点，符合生态城市能源利用要求。

4.地热能开发利用技术

对于具备地热条件的城市，开发利用地热能是城市能源结构的重要组成部分，地热能的利用主要有地热发电与地源热泵两种形式。

地热发电是通过将地热能转化为机械能再转化为电能，这种形式的利用较为普遍，但是需要较大的资源成本投入，且周期较长。

地源热泵主要利用如河流、湖泊及地下水等地表浅层水源以及土壤等吸收储存的太阳能和地热能作为热能资源，采用热泵原理实现高、低温位间的热能转移。地源热泵拥有显著的节能效益与环保效益，可分为水平式、垂直式等形式。

三、水资源利用

生态城市水资源利用系统除传统水资源利用外，还应包括雨水资源化利用、低冲击开发模式、中水回收利用、可持续排水系统等方面。

（一）雨水资源化利用

雨水资源化利用是通过对雨水的收集与回用，将原本直接排除的雨水作为一种资源利用起来，对于解决城市内涝、水资源短缺及水体污染等问题有着重要作用。雨水收集技术是雨水资源化利用的重要环节，利用天然地形或人工方式收集并储存雨水，经过初步沉淀处理后进行再利用，通常包括建筑屋面雨水、地面雨水及道路路面雨水收集等多种形式。

屋顶雨水收集将屋面作为集水面，将雨水收集储存在屋顶的蓄水池中，或经过水落管输送到地面或地下蓄水池中，通过"收集—输送—净水—储存—利用"的方式对雨水进行利用。城市中屋顶面积较大，可占到城市不透水面面积的一半以上，雨水集水面广，利用价值较高。

地面雨水收集较屋顶雨水收集更为简单、经济，以较大区域作为集雨面收集雨水，尤其适用于降雨量较少的地区，通过在城市绿地中建设地面蓄水池来储存雨水。

城市道路路面雨水的收集具有极好的生态效益，这是由于路面等不透水面的径流系数一般在 0.9 左右，雨水几乎全部形成径流，这些雨水利用起来将会是城市特别是半干旱区城市的巨大财富。道路雨水收集中应注意对于树叶、垃圾等固体悬浮物的初步分离，避免对于收集雨水的再次污染。

（二）低冲击开发模式

低冲击开发（Low Impact Development，LID）是城市雨水管理的新思维，主要通过雨水的有效管理减少城市化对雨水径流的影响，利用天然或人工的方式实现雨水的就地与分散化管理。具体的实施技术简单且经济，如透水路面、植草浅沟、雨水花园等，通过减少不透水面或者引流、过滤等减少雨水径流。

1.透水性路面铺装

透水性路面铺装指在满足路面、停车场基本利用要求的前提下，利用透水性沥青混凝土路面、透水地砖等铺砌地面，利于将雨水由地面渗透到地下。

透水混凝土路面主要包括渗透性多孔沥青混凝土路面或多孔混凝土路面，两者的区别是多孔混凝土路面表层为无砂混凝土层，而沥青混凝土路面为多孔沥青层。

透水砖铺砌地面形式有多种，常见的有：①用细碎石或细鹅卵石铺砌，雨水通过石间缝隙下渗，适用于居住区的步行道路；②采用倒梯形的渗水地砖铺砌，利用透水性材料拼接砖缝，适用于城市慢行道路路面；③城市室外停车场可采用孔型混凝土砖铺设，在满足地面透水性的同时可实现高达 40% 的绿化。

2. 下凹式绿地

下凹式绿地是一种低冲击、高效率的雨水渗透技术，蓄渗效果明显且投资较少，主要用于收集蓄渗小面积汇水区域的径流雨水。下凹式绿地高程低于城市路面高程 0.15 ~ 0.30m，雨水排水口高出绿地 0.05 ~ 0.15m。当雨水量高于排水口高度时才会产生直接排放，低于时雨水依靠自然下渗，有利于雨水的调蓄入渗。

3. 植草浅沟

植草浅沟是通过在地表沟渠中种植植被层，沟底部铺设透水性较好的碎石层，利用植物截流作用和土壤过滤作用对雨水径流进行初步处理，对雨水进行收集与调蓄控制。植草浅沟常用于城市道路两侧、不透水地面（如广场、停车场等）周边、绿地内部等。三角形、梯形和抛物线形是植草浅沟横断面的常见形式。

4. 屋顶绿化

屋顶绿化可以增加城市绿化面积，同时有效降低屋面排水强度，减少屋面雨水径流，并通过植物茎叶的截留作用储存大量雨水，减少人工浇灌。屋顶绿化有生态屋顶与屋顶花园两种。生态屋顶指种植体量较小、质量较轻植物的屋顶系统，其结构包括防水薄膜层、轻质种植土及绿化植物。屋顶花园指在屋顶有较多植物种植及硬质景观的可进入式花园，包括防水薄膜层、排水层、种植土层及植被层，与生态屋顶的区别是种植土层较厚，可以选择更为丰富的植物品种。

5. 人工湿地

人工湿地是利用人工手段建设的模拟天然湿地功能的湿地区域，可以起到净化水质、营造城市生态景观多样性等作用。人工湿地是雨水资源生态化利用的重要工程手段，能有效去除污水中各类污染物，在对污水进行净化的同时实现一定程度的资源化，获得社会经济及生态效益并重的效果。

一定数量及物种比例的陆生植物、半水生植物、浮水植物及沉水植物共同组成人工湿地系统，保障湿地系统的生物多样性，同时净化水体。半水生植物能够避免雨季雨水冲刷河岸，起到固定土壤的作用；浮水植物具有很好的观赏价值，并吸收、过滤与分解水中的污染物；沉水植物通过水下造氧可以抑制藻类植物的生长。

6. 雨水生物滞留系统

雨水生物滞留系统可用于处理小面积汇流的初期雨水，具有建造费用低、运行简单、自然美观等特点，包括雨水花园、滞留花坛、树池等多种形式。

现以雨水花园为例，介绍雨水生物滞留系统的结构。雨水花园指在低洼区域种植各类植物的雨水工程设施，是一种典型的 LID/BMP（Best Management Practice）雨水滞留措施，可以有效地去除雨水径流中的各类污染物，减少雨水直接径流量，并具有良好的生态景观效果。雨水花园一般由耐涝本地植物、植被缓冲层、覆盖层、种植土壤层、粗砂层、砾石层组成，一般会在砾石层中埋置穿孔排水管以满足雨水回用或排除要求。

（三）中水回收利用

城市污水经过工艺处理后可以达到一定的再利用标准（一般需要达到城市生活杂用水水质标准），是城市水资源有效利用的一种形式。一般生活污水及工业冷却水等成分较为简单的污水可用作中水水源，而医院污水、生产污水等废水不宜直接作为中水水源。中水可用于市政杂水、生活杂水和工业用水等一些对水质要求不高的用途。

单体建筑的中水回用水源取自建筑内的各类杂用水及优质杂排水，经处理后主要供给便器、车辆冲洗、绿化灌溉之用。居住小区污水排放将优质排水（灰水）与黑水分离，灰水可用作小区内中水回用水源，而粪便污水与厨房废水等黑水采用直接排放形式。城市层级中水回用以城市污水作为原水，在污水处理厂对其进行直接处理回用，所产生的再生水主要满足城市内的市政用水、居民日常杂用水需求以及工厂的冷却水。

（四）可持续排水系统

传统城市排水系统面临着城市内涝、地面沉降、水污染等生态问题，开发新的城市排水系统势在必行。可持续城市排水系统（Sustainable Drainage Systems，SUDS）利用雨水管将雨水排入人工湿地及其他雨水滞留设施中，通过沉淀、生物吸收等作用，有效处理雨水中所含的污染物，减少城市污染对雨水收纳水体的影响。

SUDS 通过渗透铺装等多种形式增强城市地面的雨水下渗能力，对雨水从源头上进行滞留下渗处理，减少城市雨水径流产生量；通过雨水滞留系统所截留的雨水用于城市绿化及回补地下水，保持城市动植物的自然生境。

城市 SUDS 采用"源—迁移—汇"三级控制技术优化城市雨水排放。源控制指通过增大城市可渗透地面的比例，减少地面径流产生；迁移控制采取措施降低径流量与流速，促进水体中的污染物沉淀与过滤；汇控制主要利用区域性的水塘湿地、沼泽湿地等对雨水进行汇集处理。

四、绿色建筑

绿色建筑是目前国内外建筑设计的重点，能够节约利用各类资源，保护城市环境与减少城市污染，下面结合"四节一环保"的内容对生态城市规划建设中的绿色建筑技术进行划分。

（一）建筑节地技术

绿色建筑的节地技术主要有：①通过规划建设多层、高层建筑提高建筑容积率，降低建筑密度；②建设地下室、地下车库，提高地下空间利用率；③规划设计复合型功能，避免单一功能；④通过新型结构及新材料利用提高建筑的使用寿命；⑤利用煤矸石、矿渣砌块等廉价、节地的砌体砖。

（二）建筑节能技术

我国建筑用能浪费极其严重，建筑能耗占到能源消费总量的27%以上，因此，建筑节能技术是生态城市建设中绿色建筑设计的必选之路。绿色建筑节能技术包括被动式与主动式两种形式。

1. 被动式节能技术

被动式节能技术主要包括布局合理的建筑朝向、有利于自然通风的建筑设计、保温隔热的建筑围护结构等。

建筑朝向影响建筑的自然通风及太阳能利用效益。一般建筑朝向应与夏季主导风向之间控制在30°到60°的夹角，有利于建筑室内形成良好的气流场；建筑主立面应面向南面，利于建筑物自然采光与利用太阳能。建筑设计结构应注重建筑内部的自然通风效果，改善室内空气环境，保证主要功能房间换气次数不能低于2次/h。通过利用风压、热压及机械辅助等可实现自然通风，如表7-5所示。

表7-5 绿色建筑自然通风实现技术

实现技术	具体内容
多元通风	结合机械通风与自然通风，在两者之间切换维持室内良好的环境，系统的运行可随季节环境切换，能提高通风系统的能源效率和成本效率
围护结构开口设计	建筑物的围护结构开口位置、尺寸对于建筑内部的空气流动及通风效果有着直接影响，通过专业测定发现，开口宽达到房间开间宽的1/3 ~ 2/3、开口面积达到15% ~ 25%时，能够产生最好的通风效果
"穿堂风"的组织	房屋建筑的通风进深不能太大，进风口与出风口之间的风压差越大，通风越流畅

续表

实现技术	具体内容
屋顶通风设计	建筑屋顶既可作为建筑自然通风系统的一个组成部分，也可作为一个独立通风系统存在。通过在建筑屋顶上部架空形成保温隔热层或者结合坡屋顶自身特点，引导形成通风隔热层
建筑中庭的"烟囱效益"	利用建筑中庭热压形成自然通风，借助垂直竖井及风口形成"烟囱"空间（风塔）结构，利用安装在排放口末端的太阳能空气加热器抽吸空气，通过开口朝向主导风向的风斗促进上部气流下沉进入建筑内部
通风墙体	隔热外墙设计结构为内部有厚度在 30 ~ 100mm 的通风间层的空心端，同时需要在墙体上下部设置进出风口
双层玻璃幕墙设计	双层玻璃幕墙采用双层（或三层）玻璃作为维护结构，两层幕墙之间留一定宽度通风道并配有可调节百叶等遮阳设施，并在两端设可控制的进风口和出风口。该技术比单层墙体采暖时节能 42% ~ 52%，制冷时节能 38% ~ 60%
太阳能强化自然通风	利用设计太阳能烟囱、太阳能空气集热器等建筑结构将太阳能转化为动能，强化建筑内部通风

建筑围护结构的能量损失主要源于三个地方——建筑外墙、门窗开口、建筑屋顶，加强对建筑围护结构的保温隔热，对绿色建筑节能有重要意义。

建筑外墙占据围护结构面积最大，其保温性能直接影响着建筑物能耗。通过增加房屋进深、减少体形系数（建筑外围面积与建筑体积之比），将有效减少建筑外墙面积。外墙节能措施主要有外墙外保温、外墙内保温、外墙自保温三种。外墙外保温与内保温主要是利用保温材料形成保温层与基层墙体相结合形成复合墙体，自保温是利用建筑保温材料等直接作为墙体材料。

建筑围护结构中热交换最活跃、最敏感的地方是门窗部分，门窗所产生的热传导占整个建筑围护结构的大部分，应注重建筑门窗的保温隔热建设。建筑门窗节能主要是改善建筑材料的保温隔热性能，在保持太阳能利用的同时减少建筑门窗面积。户门设计时应注意在周边缝隙处安装弹性、耐久的密封条；窗户窗框可采用经过断热处理、隔热系数小的金属、木塑等复合材质，窗玻璃可用中空玻璃、镀膜玻璃等。

屋顶保温常用的技术措施是在屋顶上设置复合材料保温层，复合材料应选择导热系数小的轻质材料，减少屋顶重量；也可采用倒置屋顶结构来促进建筑屋顶保温，将憎水材料做成保温层置于防水层外侧；或者是架空通风设置保温层。

2. 主动式节能技术

绿色建筑的主动节能技术是利用附加设施或者外来能源输入，主动控制建筑的各项指标，以达到绿色建筑标准。主动式绿色建筑技术主要包括绿色湿热环境控制、绿色能源利用等。

（1）绿色湿热环境控制技术

绿色湿热环境控制技术可分为湿热同控技术与湿热分控技术两种。湿热同控技术主要包括热泵技术及重力空调技术等；湿热分控技术有相变蓄热地板技术、液体除湿技术、冷却吊顶技术等。

热泵技术是利用受自然季节变化小、温度相对稳定的空气、地下水、深层土壤等作为冷源或者热源，以管道水为媒介，对室内温度进行冷热调节。根据所采用的冷、热源不同，热泵技术可分为空气源热泵、地源热泵与水源热泵等多种形式。

重力空调是在室内内墙侧设置冷却管，空气通过冷却管冷却后，借助自身重力下降，从室内管道开口处流出，对室内空气进行降温。

相变蓄热地板技术是利用相变储能理论将相变储能材料制作为地板，利用潜热储存热量，其主要特点是舒适性好、清洁无污染、容易布置等，适用于家庭和办公室供暖。

（2）绿色能源利用技术

建筑层面的能源利用主要是在建筑立面上安装太阳能光热电板，利用太阳能为居民提供生活所需的热能，并可作为建筑的补充电能。

（三）建筑节水技术

绿色建筑节水技术包括利用非传统水源、推广使用节水型器具、完善热水供应系统、避免室内管网漏损等。

绿色建筑设计时应综合城市所在区域的自然水资源条件，确定合适的建筑结构形式，便利对雨水的资源化利用；注重中水技术在建筑周期内的利用。

建筑对于水资源的利用主要消耗在厕所冲洗、管道损漏等方面。推广节水器具如充气水龙头、小容积水箱等将会有效地减少建筑水资源的浪费。绿色建筑设计中应考虑采取如安装检修阀门便于管网实时检修等措施避免管网损漏。

热水是城市居民日常生活中所必需的资源，而目前建筑热水利用中存在无效冷水现象（在使用太阳能或者集中热水时，需要先排放掉的那部分冷水），使得水资源浪费情况严重。在绿色建筑设计中，应通过选取合适热水循环系统等有效措施尽可能地减少无效冷水的浪费。

（四）建筑节材技术

绿色建筑设计应考虑利用环境绩效方法，确保方案制订过程中环境因素和其他因素一起被列入考虑范畴，减少建筑废弃物的产生，延长建筑构件使用寿命，并鼓励建筑材料的回收利用；最大化地使用环保材料，减少对不可再生的纯天然材料的使用，增加可回收资源的利用；建筑材料应尽量满足就近取材的原则，尽量在建设工地 100 千米范围内获得建筑材料；对建筑所用的木材进行预处理，延长木材构建寿命。

（五）环境保护技术

绿色建筑的形式、色彩应与周边环境相融合，保护城市的自然环境、景观环境。应尽量不使用对人体健康有害的建材；建筑施工中不应对建筑场地的土壤产生侵害，尽可能地回收再利用或者妥善处理建筑过程中产生的建筑垃圾。

参考文献

[1] 孙久文，易淑昶．国家社科基金丛书中国区域经济结构调整与国土开发空间格局优化 [M]．北京：人民出版社，2023.

[2] 马旭东，刘慧，尹永新．国土空间规划与利用研究 [M]．长春：吉林科学技术出版社，2022.

[3] 古杰，曾志伟，宁启蒙．国土空间规划简明教程 [M]．北京：中国社会出版社，2022.01.

[4] 黄经南，李刚翊．国土空间规划技术操作指南 [M]．武汉：武汉大学出版社，2022.03.

[5] 王岩，马元希，冉婧媛．黄河青海流域国土空间规划研究 [M]．西宁：青海人民出版社，2022.01.

[6] 张兵，门晓莹，王伟．国土空间规划系列教材国土空间规划城市体检评估案例选编 [M]．北京：中国地图出版社，2022.01.

[7] 王璐瑶．国土空间功能双评价及分区优化研究 [M]．北京：中国经济出版社，2022.12.

[8] 刘传明．省域国土空间主体功能区建设研究 [M]．南京：东南大学出版社，2022.12.

[9] 宁晓刚，王浩．城市国土空间格局遥感监测分析方法与实践 [M]．北京：科学出版社，2022.08.

[10] 王芬，陈永林，马亮．国土空间规划理论与实践教程丛书 Photoshop CS6 住区规划项目实践 [M]．武汉：武汉大学出版社，2022.10.

[11] 杨东援．国土空间规划背景下的交通大数据分析技术 / 面向未来的交通出版工程交通大数据系列 [M]．上海：同济大学出版社，2022.06.

[12] 吴次芳．国土空间设计 [M]．北京：地质出版社，2021.12.

[13] 赵云平，樊森，司咏梅．内蒙古国土空间开发战略与规划方略 [M]．北京：中国发展出版社，2021.08.

[14] 邓祥征．国土空间优化利用理论方法与实践 [M]．北京：科学出版社，2021.06.

[15] 赵映慧，齐艳红，姜博．国土空间规划导论试行版 [M]．北京：气象出版社，

2021.08.

[16] 周就猫，邓京虎，党迎春．大数据时代智慧国土空间规划理论与实务研究 [M]．北京：中国华侨出版社，2021.09.

[17] 陈伟强，关小克，刘晓丽．新时期河南省国土空间整治路径与实践 [M]．北京：中国农业出版社，2021.03.

[18] 刘建敏．全面发展视域下新时代国土空间规划研究 [M]．北京：中国华侨出版社，2021.12.

[19] 王静．走向可持续生态系统管理的国土空间规划理论方法与实践 [M]．北京：科学出版社，2021.12.

[20] 曾晨，邓祥征，张安录．国土空间优化和生态环境保护以长江经济带案例区为例 [M]．北京：社会科学文献出版社，2021.12.

[21] 黄玫．基于治理和博弈视角的国土空间规划权作用形成机制研究 [M]．北京：中国建筑工业出版社，2021.08.

[22] 吴次芳，谭永忠，郑玉红．国土空间用途管制 [M]．北京：地质出版社，2020.12.

[23] 樊森．国土空间规划研究 [M]．西安：陕西科学技术出版社，2020.01.

[24] 夏南凯，肖达．理想空间：No.85，国土空间规划经验与实践 [M]．上海：同济大学出版社，2020.04.

[25] 魏凌，张杨．国土空间规划探讨与应用 [M]．北京：中国大地出版社，2020.04.

[26] 金贵．国土空间优化利用与管理 [M]．北京：科学出版社，2020.07.

[27] 温锋华，沈体雁．村庄规划村域国土空间规划原理 [M]．北京：经济日报出版社，2020.07.

[28] 何冬华．国土空间规划：面向国家治理现代化的地方创新实践 [M]．北京：中国建筑工业出版社，2020.06.

[29] 吴加敏．宁夏国土空间规划高分遥感监测方法研究与监测系统开发 [M]．北京：地质出版社，2020.02.

[30] 聂康才，周学红．国土空间规划计算机辅助设计综合实践：使用 AutoCAD 2020/ArcGIS/SketchUp/Photoshop[M]．北京：清华大学出版社，2020.09.

[31] 程光．全球网络空间发展趋势研判 / 网络空间国际治理蓝皮书 [M]．南京：东南大学出版社，2020.08.